建筑电气工程师技术丛书

电气工程质量通病防治

芮静康 主　编
田慧君　张燕杰　王海星　副主编

中国建筑工业出版社

图书在版编目（CIP）数据

电气工程质量通病防治/芮静康主编.—北京：中国建筑工业出版社，2006
（建筑电气工程师技术丛书）
ISBN 7-112-08754-6

Ⅰ.电... Ⅱ.芮... Ⅲ.房屋建筑设备：电气设备-建筑安装工程-质量控制 Ⅳ.TU85

中国版本图书馆 CIP 数据核字（2006）第 095430 号

建筑电气工程师技术丛书
电气工程质量通病防治
芮静康 主 编
田慧君 张燕杰 王海星 副主编

*

中国建筑工业出版社出版、发行(北京西郊百万庄)
新 华 书 店 经 销
北京密云红光制版公司制版
北京市铁成印刷厂印刷

*

开本：850×1168 毫米 1/32 印张：6⅞ 字数：188 千字
2006 年 11 月第一版 2006 年 11 月第一次印刷
印数：1—3000 册 定价：**15.00** 元
——————————
ISBN 7-112-08754-6
(15418)

版权所有 翻印必究
如有印装质量问题，可寄本社退换
（邮政编码 100037）
本社网址：http://www.cabp.com.cn
网上书店：http://www.china-building.com.cn

电气工程质量通病防治是一个实践性的问题，本书着重叙述现代楼宇的电气工程（以弱电系统为主）的质量通病防治。

本书内容包括：通信工程、电梯工程、CATV有线电视工程、安防工程、消防工程等的质量通病防治。

本书可供宾馆、饭店、现代楼宇的工程技术人员、工矿企业的电气技术人员阅读，也可供有关大专院校师生教学参考。

* * *

责任编辑：刘 江 刘婷婷
责任设计：郑秋菊
责任校对：张树梅 孙 爽

编审委员会

主　　任：芮静康
副 主 任：曾慎聪　　余友山　　武钦韬
委　　员：路云坡　　席德熊　　刘　俊
　　　　　周德铭　　周铁英　　车振兰
　　　　　黄显琴　　王　梅　　胡渝珏
　　　　　周玉凤　　张燕杰

主　　编：芮静康
副 主 编：田慧君　　张燕杰　　王海星
作　　者：田慧君　　陈晓峰　　陈　洁
　　　　　屠妹妹　　韩　军　　王　梅
　　　　　郑　征　　杨晓玲　　刘学俭
　　　　　谭炳华　　杨　静

前　言

随着国民经济的发展、科学技术的进步、智能建筑大量兴起，新技术、新工艺、新材料得到广泛应用。智能建筑的电气技术发展迅速，"高低压、强弱电、十个系统"涵盖内容丰富、工程施工技术问题多、工程施工工作量大。

电气工程质量通病防治，是一个实践性非常强的问题，对于强电方面的工程质量通病防治的书籍很多，但弱电方面的书籍甚少，而弱电施工所包含的内容很广，又有各个专业自身的特点，本书作一个尝试，重点介绍弱电工程的质量通病防治，希望受到读者的欢迎。

本书内容包括：第一章通信工程质量通病防治，第二章电梯工程质量通病防治，第三章CATV有线电视工程质量通病防治、第四章安防工程质量通病防治，第五章消防工程质量通病防治。本书特点是不叙述原理，单刀直入地对施工工程、运行、维护发生的问题进行叙述，提出质量要求，以及介绍解决办法，是一本实用性的图书。

本书由芮静康任编审委员会主任，并兼任主编，曾慎聪、余友山、武钦韬任副主任，田慧君，张燕杰，王海星任副主编，其他委员和作者详见编审委员会名单。

由于作者水平有限，错漏之处在所难免，敬请广大读者批评指正。

目 录

第一章 通信工程质量通病防治 ·· 1
第一节 通信工程的施工 ·· 1
一、硬件安装 ·· 1
二、电缆和光纤的敷设 ·· 10
三、插接架间电缆布线 ·· 15
四、总配线架的安装 ·· 22
第二节 规范对智能建筑通信系统的规定 ······································ 25
一、一般规定 ·· 25
二、设计要素 ·· 26
三、设计标准 ·· 27
第三节 通信系统的常见故障和排除方法 ······································ 30
一、电话机的常见故障和排除方法 ·· 30
二、程控交换机的维修 ·· 35
三、JSY2000型数字程控交换机故障处理实例 ····································· 43
四、ISDX程控交换机机格电源故障处理及分析 ··································· 46

第二章 电梯工程质量通病防治 ·· 50
第一节 电梯竖井的施工 ·· 50
一、导轨支架及导轨安装 ·· 50
二、导轨组装施工的质量要求 ·· 53
三、导轨施工工艺要求 ·· 58
四、导轨的检查 ·· 60
五、导轨的质量验收 ·· 62
第二节 电梯厢体的施工 ·· 64
一、轿厢组装 ·· 64
二、材料（设备）要求 ·· 65
三、施工工艺要求 ·· 70
四、施工检查和检验 ·· 72

目 录

第三节　电梯电气装置的施工 ······················· 73
　　一、电气系统各装置的布置 ······················· 73
　　二、电气系统的安装 ························· 76
　　三、材料（设备）要求 ························ 79
　　四、检查与验收 ··························· 82
第四节　电梯的竣工验收 ························ 83
　　一、安装质量检查 ·························· 83
　　二、安全可靠性检查 ························· 99
　　三、技术性能检查 ·························· 101
第五节　电梯常见故障的排除 ····················· 105

第三章　CATV有线电视工程质量通病防治 ············· 112
第一节　工程施工、接地和避雷 ···················· 112
　　一、施工和安装 ··························· 112
　　二、避雷、接地和安全 ······················· 119
第二节　系统调试 ·························· 123
　　一、开路电视接收天线的调试 ···················· 123
　　二、前端和机房设备的调试 ····················· 123
　　三、干线传输的调试 ························ 127
　　四、分配网络调试 ························· 129
第三节　维护和排除故障 ······················· 129
　　一、CATV系统故障分析与维修 ··················· 131
　　二、前端指标不满足要求，在图像上的反映 ············· 141
第四节　系统测试和验收 ······················· 142
第五节　检查施工质量 ························ 144
第六节　电气性能的客观评价和测试 ·················· 144
　　一、测试项目 ···························· 145
　　二、系统测试仪器 ························· 146
第七节　电气性能的主观评价 ····················· 147

第四章　安防工程质量通病防治 ··················· 149
第一节　概述 ···························· 149
　　一、安防系统的应用范围 ······················ 149
　　二、安防系统的组成 ························ 150

7

三、智能大厦安防系统的基本框架 …………………………………… 152
　　四、安防系统智能化 …………………………………………………… 153
　第二节　安防工程质量分析 …………………………………………… 154
　　一、入侵报警工程布线 ………………………………………………… 155
　　二、入侵探测器的安装 ………………………………………………… 155
　　三、报警控制器的安装 ………………………………………………… 155
　　四、电视监控工程的电缆敷设 ………………………………………… 155
　　五、电视监控系统的光缆敷设 ………………………………………… 156
　　六、前端设备的安装 …………………………………………………… 156
　　七、中心控制设备的安装 ……………………………………………… 156
　　八、供电与接地 ………………………………………………………… 156
　第三节　安防工程质量要求 …………………………………………… 156
　　一、入侵报警工程布线 ………………………………………………… 156
　　二、入侵探测器的安装 ………………………………………………… 158
　　三、报警控制器的安装 ………………………………………………… 161
　　四、电视监控工程的电缆敷设 ………………………………………… 161
　　五、电视监控工程的光缆敷设 ………………………………………… 162
　　六、前端设备的安装 …………………………………………………… 163
　　七、中心控制设备的安装 ……………………………………………… 164
　第四节　安防工程的调试和维护 ……………………………………… 164
　　一、安防工程的调试 …………………………………………………… 164
　　二、安防工程的使用和维护 …………………………………………… 167

第五章　消防工程质量通病防治 …………………………………… 175
　第一节　概述 …………………………………………………………… 175
　　一、消防联动控制设备对室内消火栓系统的控制显示功能 ………… 176
　　二、消防联动控制设备对自动喷水灭火系统的控制显示功能 ……… 176
　　三、消防联动设备对泡沫、干粉灭火系统的控制显示功能 ………… 178
　　四、消防联动设备对有管网的卤代烷、二氧化碳等
　　　　灭火系统的控制显示功能 ………………………………………… 179
　　五、火灾报警后，消防控制设备对联动控制对象应
　　　　有的功能 …………………………………………………………… 179
　　六、火灾确认后，消防控制设备对联动控制对象应有的功能 ……… 179
　　七、消防设备动作流程 ………………………………………………… 181
　　八、消防联动方案 ……………………………………………………… 181

目 录

第二节　消防工程质量分析 ……………………………………… 187
　一、火灾自动报警控制系统 …………………………………… 187
　二、消防设施安装 ……………………………………………… 187
　三、消防给水管网 ……………………………………………… 188
　四、消防配电系统 ……………………………………………… 188
　五、报警装置 …………………………………………………… 189

第三节　消防工程质量要求 ………………………………………… 189
　一、火灾自动报警系统安装的质量要求 ……………………… 189
　二、自动喷水灭火系统安装的质量要求 ……………………… 190
　三、二氧化碳灭火系统安装的质量要求 ……………………… 190
　四、室内消火栓给水系统安装的质量要求 …………………… 191

第四节　消防系统常见故障和排除 ………………………………… 192
　一、火灾自动报警系统 ………………………………………… 192
　二、二氧化碳灭火系统 ………………………………………… 193
　三、清水灭火器 ………………………………………………… 195
　四、二氧化碳灭火器 …………………………………………… 196
　五、卤代烷灭火器 ……………………………………………… 198
　六、泡沫灭火器 ………………………………………………… 201
　七、干粉灭火器 ………………………………………………… 203

参考文献 ………………………………………………………… 207

第一章 通信工程质量通病防治

第一节 通信工程的施工

通信系统的安装和施工,是质量通病防治的重要环节。必须从硬件安装、电缆和光纤的敷设、插接架间电缆布线、总配线架安装等几方面,保证施工质量,从而确保建筑通信系统正常运行和使用。

一、硬件安装

1. 注意事项

(1) 组织施工人员学习规程的有关章节,明确列架结构及安装操作方法,做到人人心中有数,确保工程质量和安全施工。

(2) 施工人员必须服从指挥,统一步调,密切配合。

(3) 使用的高凳或人字梯必须经过严格检查,确认牢固后方能使用。

(4) 高凳或人字梯上不许放置工具、材料及零星物件,以免掉下伤人或摔坏。

(5) 列架必须按设计要求固定。如采用临时加固,非经指挥人员许可,不得随意拆除。

2. 立架前的准备工作

(1) 工具准备:人字梯、高凳、橡皮锤子、锤子、固定扳手、活动扳手、改锥、钢皮尺、水平尺、吊锤、圆锉、手虎钳、手电钻、钢卷尺、角尺、钢锯、电冲击钻、漆工刀和油麻线等。

(2) 布置场地

1) 准备一张装有台虎钳的工作台。

2）将施工用的工具按种类顺序放好。

3）将各种构件、材料搬至机房，分类依次放好。

3．机房测量定位

(1) 注意事项

1）测量前应先打扫机房，把妨碍工作的东西搬走。

2）测量时应使用钢皮尺，不许用皮尺或麻线。如果用几盘钢皮尺，应以一个为标准，互相校正偏差。

3）确定各列位置时，必须以第一列为准逐列测量，避免累积误差。

4）使用钢皮尺时，应拉直、拉平，尽可能地贴近地面。

5）组立列架时，如需在墙（柱）上做加固装置，应事先进行测量定位。

(2) 机房测量定位

1）用 10m 以上钢皮尺量机房四周尺寸（不可只量两边）和电缆下线孔、墙洞、房柱、地槽、门窗等位置，并逐项与设计图纸核对，如果发现与设计图纸不符合，应立即在图纸上修改，如果变动过大，应与建设单位和设计单位研究处理。

2）测机房前、后墙的中点，并做好标记，用麻线贯通两个中点，即为机房的中心线。

3）机房中心线要根据房柱的对称状态做适当调整，要求目视无明显偏斜。中心线定出以后，可按下列要求推算出第一列列架与墙面的距离，标注在图纸上，作为立架时的依据。

4）分两边排列的列架，列架与房柱的相对位置应不影响施工与维护。

5）列架应以将来不扩充的一侧（即通常安装信号设备的一侧）为准分两边排列的列架，其首列应取齐，其余各列根据施工图纸规定的列距予以取定。

6）防震加固应不影响门、窗的开、关和房屋的美观。

7）根据机房中心线确定首、末列以外各列的列线。见图 1-1。

设 EF 为机房中心线,按施工图规定的列距、直线 EF 和墙面的交点或房柱中心线交点在 EF 线上划出 N、O、P、Q 各点(列中心线与机房中心线的交点),然后按照以下的方法找出通过 N、O、P、Q 各点的列中心线。以 O 点为例,先在 EF 上取 A、B 两点,使 OA = OB(长度适中),用麻线以 A、B 为中心,并以适当长度为半径,作两小弧相交于点 O′ 连接并延长 OO′ 线,即为列中心线,按规定的中间走道宽度列架。

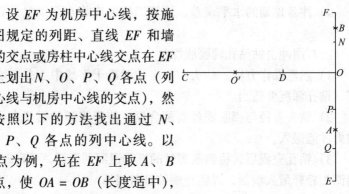

图 1-1 确定机房列线示意图

宽度和列长,即可在 OO′ 线上找出 CD 的列架位置。首、末列的列线应以测出的列线为准划出。

(3) 机房地面水平测量

先确定机房安装机架、立柱的位置,然后参考下列方法测量:将一平直的角钢放在地面上,再把水平尺放在角钢上检验地面水平。如发现不平,应在角钢的低端加垫片,直至水平为止。其所加的垫片的厚度即为地面水平的差,如有条件时,应尽量用水平仪测量。

(4) 预测墙上防震加固位置

1) 以机房中心线为准,按图找出防震支架中心线与机房中心线的平行线。

2) 将防震支架中心线延长至端墙,然后以吊锤的方法确定加固螺丝在墙上的位置。

3) 计算加固螺丝中心点的高度 H 时,应注意加固螺丝所固定的小段角钢的尺寸,若设计规定上梁高度为 h,施工所用小段角钢的边为 a,则加固螺丝中心点的高度为:

$$H = h - a/2$$

4) 注意地面的水平误差，计算高度时应将水平误差计算在内。

(5) 用冲击钻钻孔埋膨胀螺丝

1) 熟悉操作方法，钻头中心必须对准十字线中心并与墙垂直，钻孔深度要适当。

2) 钻头直径与膨胀螺丝要配合紧，使膨胀螺丝需要有适当的力才能敲入。

3) 钻孔完成后，将膨胀螺丝的螺母退回到头部，垂直放入，用锤头轻轻敲入墙面，以防止螺纹被敲损坏。

4. 组立列架

通信设备分为交换设备和传输设备，在大型通信局（站），它们的安装地点和安装方式是不同的，交换设备安装在交换设备机房，传输设备安装在传输设备机房。程控交换机一般由机架安装在机架底座上，然后各机架相互之间用螺栓连接加固，并用防震架与建筑物墙面连固。传输设备因为生产厂家的不同其机架尺寸也不同，一般采取上走线的方式，需要借助大列架（俗称龙门架）以用于传输设备上部的加固以及上部电缆行线架的安装。

(1) 注意事项

1) 接地垫圈的尖角是用于戳破铁件的表面油漆，从而使铁件得到良好的电器接触，以保证接地良好。为此，垫圈的尖角面应对准铁件，并只允许一次装好，不得将已用过的接地垫圈取下再用。因此在组装列架时接地垫圈可先不装，待垂直水平调整完毕后统一加装并拧紧螺丝。

2) 组立列架时宜用固定扳手上紧螺母。

3) 抬上梁前必须对高凳的活页、保险带进行检查。

4) 将上梁抬上进行安装时，上梁两端的二位工人应面向一致，互相注视对方的动作，以便动作一致地将上梁抬上就位。

(2) 组立顺序和操作

1) 将已经装配好的龙门架（立柱）、上梁和连固铁分放到各列相应部位，并将工具、材料准备好，暂不用的材料应放到适当的位置，不得影响立架工作。

2）组立列架工作需要四位工作人员。按照事先画定的列架位置，先将第一列的第一和第二龙门架竖起，并将地脚螺丝拧紧，每一个龙门架由一人坐在高扶梯上负责龙门架扶直及上梁的加固连接工作。二位地勤人员负责将上梁的两端同步地抬起，送达一定高度后，站在扶梯上的二位将上梁接送到达就位高度，对准螺丝孔位，初步拧紧螺丝，并用吊锤校正龙门架垂直度，垂直度应符合厂家规定，若无厂家规定时，垂直偏差应小于3mm。待两只龙门架均符合垂直度要求后，再正式将上梁的固定螺丝拧紧。

3）按照上述同样的方法，安装第二根上梁、第一列的其他龙门架和上梁，然后安装第二列以及其他各列。

4）将各列架在顶端加以连接并延伸到建筑物墙面的构件称为连固铁，当列架的长度小于或等于5m时，只需在列架的两端顶部用连固铁互相连接并与墙面加固即可；如果列架长度大于5m但小于10m，则需要在列架的中部加一连固铁并与墙面加固。安装连固铁时，应再一次校正龙门架的垂直度。

5）在大列架前、后（或中部）用型材构件做好四面支撑，防止列架倾斜。

(3) 校正各列的位置和立柱的垂直

1）校正列架的位置。其方法可看吊锤的中心是否在地面的划线上。

2）校正各列立柱的垂直，然后检查上梁角顶与立柱上端是否平齐，上梁端头至立柱角顶的距离是否正确。

3）检查整个一侧的立柱是否在一条直线上。其方法可用麻线由第一列立柱拉至最后一列立柱，麻线与立柱之间放一根火柴梗，调整各列立柱使其在一直线上，然后再用吊锤校正立柱的垂直。

4）检查连固铁是否垂直。其方法可由连固铁的一端向另一端看直，看直时由于离身较近的部位看不准，因此须从列架两端看。一般用目视无明显弯曲即可。

5．电缆走道及槽道的安装

（1）质量要求

1）走道边铁应平直，看不出扭曲、弯曲或倾斜。

2）各横铁的长度、规格应一致，安装后的横铁应与边铁垂直并保持水平。横铁的安装数目一般是每米3~4根。

3）电缆走道的位置应符合施工图的要求，偏差小于50mm。

4）走道支铁应垂直，不歪斜，各支铁应成一直线，螺丝要紧固。

5）沿墙走道的支撑物应安装牢固，距离均匀。水平走道应与地面平行，垂直走道应与地面垂直，要求做到横平竖直，无起伏不平或歪斜现象。

6）安装走道的吊架数量、规格应符合施工图的规定。吊架安装要牢固，整齐垂直，无歪斜现象。

（2）安装主走道

以走道的横挡与边铁用铆钉固定铆接的结构形式为准。

1）确定走道位置

①按照施工图安装走道首尾两端的走道支铁，并调整使其垂直。

②以走道两端的支铁为准，拉两条麻线经过中间的列架，检查走道支铁是否受到走道的影响而不能安装，如果受到影响应在规定位置的左右50mm之内调整，并在施工图上改正。

③如有垂直下楼走道，其位置应以电缆下楼孔为准取定。

2）安装走道支铁

①以已拉的两根麻线为准，安装其他支铁。

②支铁要垂直，遇有歪斜时可以在支铁底部与上梁角钢间垫铅皮校正。

③电缆走道在同一平面做弧行拐弯时，其转弯半径应满足大于最大电缆直径10倍的要求。

④电缆走道支架或吊铁的挡距以 2m 左右为宜,不得大于 2.5m。

(3) 安装沿墙走道

安装沿墙走道应采用三角支架的支持方法。

1) 安装沿墙走道预埋支持物的方法是先用水平尺划出水平线,再按支持物等距离排列的原则,划出埋设位置,打孔埋设支持物。

2) 电缆走道穿墙壁或地板时,在电缆敷设完毕后宜用木板把木框的两边盖住,下楼孔处需加做一个高 50~70mm 的护栏以保护电缆,下楼孔处宜用阻燃胶泥填充。

(4) 安装槽道

1) 目前电缆槽道的品种较多,安装时必须严格按照设计及生产厂家提供的说明书进行。

2) 在整个槽道安装过程中,应掌握好各种部件之间的关系,严格注意各种尺寸,保证槽道安装平直,确保质量。

3) 准备好所需的各种工具,统一指挥,注意安全。

(5) 吊架安装

1) 吊架安装的形式可以采用膨胀螺丝直接连接吊架的形式,也可以采用膨胀螺丝先固定角钢,再使吊架与角钢相连接的形式。

2) 吊架用的扁钢和角钢的尺寸应在膨胀螺丝埋好后,根据实测结果确定并划线打眼。

3) 如果在梁上预埋膨胀螺丝时,其位置应选在离梁的下边缘 120mm 以上的部位。

6. 安装机架、操作台

(1) 质量要求

1) 机架、操作台的位置应符合设计规定。

2) 机架安装牢固,不晃动,列内机架的面应在一直线上,无凸凹现象。机架安装完毕后,水平、垂直度应符合厂家规定,若无厂家规定时,垂直偏差应不大于 3mm。

3）主走道侧必须对齐成直线，误差不大于 5mm，机架应紧密靠拢，同一类螺丝露出螺帽的长度应一致。

4）机架上的各种零件不得脱落或损坏。漆面如有脱落应予以补漆。各种标志应正确、清晰、齐全。

5）机架、列架必须按施工图的防震要求进行加固。

6）操作台位置应安装正确，符合机房平面图要求。

7）多只操作台并列安装时，并列安装应整齐，机台边缘应成一直线，相邻机台应紧密靠拢，台面相互保持水平，衔接处应看不出有高低不平的现象。

（2）准备工作

1）硬件设备安装之前，应将机房彻底清洁。

2）选择好搬运路由，并清除沿途通道上的障碍物。

3）周密准备并检查所用工具，如绳、杠棒等是否牢固，严禁使用强度不够或有危险迹象的工具。

4）确定安装次序，一般是先远后近，按次序开箱搬运。

5）装机前，机房地面不得上油或打蜡，以免搬运机架时滑倒。

（3）开箱

1）开箱时要用开箱钳把钉子拔尽，不可用撬棍或其他工具将盖板撬下，以保持木箱完整，箱板、钉子及其他杂物应堆放好，以免伤人。

2）尽可能按照规定的立架次序开箱，机箱只允许从箱盖打开，一般有毛毡露出的一面或玻璃杯口、箭头所指的一面为箱盖。

3）开启附件箱或备件箱时应特别小心，不可大力敲击，以免震坏附件、备件。

4）开箱后取出开箱单，与实物进行核对（应邀请建设单位参加），并注意检查下列情况，做好记录：

①机件是否受潮、锈蚀，影响程度如何。

②机架、机盘是否完整，有无受震变形、布线损坏和螺丝零

件脱落等现象。

③机架、机台号码、零件数量、规格、各种机盘、插板等与装箱单是否一致。

④主机抬出后，要仔细检查箱底有无螺丝、螺帽或其他小零件。

⑤零件、附件应标记清楚，以免拿错。

(4) 搬运机架、机台

1) 搬运前，宜将可拆卸的机盘、插板、精密仪表等由专人拆下并编号，分别搬运，单独储存、保管。

2) 搬运机架、机台时，要有专人指挥，统一步调，在上、下楼梯和拐弯时要照顾前后左右。

3) 搬运人员不可戴手套。

4) 抬机架或机台，应抓握住适当的部位，不准抬线把、盒盖或其他不能承重的部位。

(5) 立机架、稳固机台

1) 准备立机架的地方应采取防滑措施，放置木垫或橡皮垫，以防立架时滑倒。

2) 机架、机台抬入机房后，要立即竖直、就位。不得长时间平放，以免机架受压损坏。

3) 可用橡皮榔头敲击机架底部以调整垂直、水平。

4) 应用吊线锤、水平尺测量垂直、水平，对不合格的可用薄铅皮或油毡垫衬调整、校正。

5) 调整应逐架、逐台地进行。每调整好一架、一台，即行固定。不可一次将全列调整好后再固定。

6) 机架或机台对地面的固定方式，应按设计或工厂说明书进行。

7) 反复调整达不到标准时，应找出原因，采取措施酌情处理，切勿盲目乱敲。

8) 组装配线架时，应注意横平竖直，间距均匀，跳线环及各种零配件端正牢固，不得装反、装错。

二、电缆和光纤的敷设

1. 质量要求

(1) 电缆绝缘,规格程式应符合设计要求。

(2) 电缆外皮完整,不扭曲、不破损、不折皱。

(3) 电缆布放的路由、位置和截面应符合施工图纸的要求。

(4) 捆绑电缆要牢固、松紧适度,平直、端正,捆扎线扣要整齐一致。转弯要均匀、圆滑,曲率半径应大于电缆直径的 10 倍,同一类型的电缆弯度要一致。

(5) 槽道内电缆要求顺直,无大团扭绞和交叉,转弯要均匀、圆滑,曲率半径应大于电缆直径的 10 倍,电缆不溢出槽道。

(6) 电源电缆和通信电缆宜分开走道敷设,合用走道时应将它们分别在电缆走道的两边敷设。

(7) 软光纤应采用独用塑料线槽敷设,与其他缆线交叉时应采用穿塑料管保护。敷设光纤时不得产生小圈。

(8) 在用设备上施工时,有时其光纤内可能有激光光束,故其端面不得正对眼睛,以免灼伤。

(9) 电缆或光纤两端成端后应按照设计作好标记。

2. 准备工作

(1) 图纸准备　包括机架排列图、电缆路由图、电缆截面图、端子板排列图、布缆图、电缆编号及机架编号对照表。

(2) 工具准备　包括电缆剪刀、钢皮尺、梯凳、搭桥跳板等。

(3) 工程技术负责人应将电缆放绑的有关要求和技术问题向参加放缆的人员作详细交底。

(4) 放置梯凳或搭跳板等时均要绑扎牢固,所用的跳板要能安全承重。

(5) 器材准备　将欲布放的电缆按类型、按顺序、分期分批搬进机房,按顺序堆放。并将放缆盘按照放缆路由放置于适当部位。

3．注意事项

（1）布放电缆前，复查布放电缆路由上的电缆走道是否全部垂直和水平，装置是否牢固。

（2）电缆由盘上脱离盘体时不能硬拉，应有专人负责，根据需要缓慢放盘。

（3）高凳作业必须注意安全，严禁来回跨越或用脚移动高凳。

（4）如需在走道上铺板时，必须绑扎牢固，安全可靠。

（5）每条电缆的两端应有明显的标志。

4．电缆长度的计算

（1）计算电缆长度有拉放法和计算法两种方法。拉放法是将电缆直接上架，比量两端留长后剪断。在电缆根数少、长度较长的情况下，此法比较可靠。计算法是将电缆经过长度计算再布放。在电缆较短，根数多的情况下，此法计算准确，可节约电缆。架下编扎的电缆，必须经过计算，复核后才能量剪。

计算方法是将整个机房排列用一张大坐标纸以一定的比例（如 1:10）画出，标明机架及列走道位置。总配线架可用另一张坐标纸画出，在坐标纸上进行电缆长度的计算。为了便于核对，可画好表格并将图上各段长度填入表格，然后考虑增加转弯长度，再汇总得出电缆总长度。

（2）电缆转弯时由于层数不同而产生的长度差异，可以用一个常数 K 表示。当第一条电缆为内层时，外层第二条电缆比第一条在转弯处长出 K，第三条电缆又比第二层电缆长出 K，K 的计算公式为：$K = 1.57X$（X = 电缆的外皮直径）。

（3）电缆在大批量剪断前，应先量剪一段进行试放，核对计算有无错误，并确定起止长度。

（4）计算过程中，由一个人计算，另一个人复核。

5．量剪电缆

（1）采用长度计算法量剪电缆前，应该核对电缆的规格、程式，并用 250V 兆欧表进行线对之间、组与组之间、芯线与铝皮之间的大绝缘测试,并作好测试记录。

(2) 量剪时,一人看尺寸,另一人念电缆长度数据,看准尺寸无误后方可剪断,并在电缆两端适当部位贴上标签。

6．布放电缆

(1) 布放电缆的方法

1) 布放电缆前要充分了解布线路由。

2) 放电缆时要尽量考虑发展位置,对于按照设计规定预留的空位应垫以短电缆头或木块,木块漆色应与电缆外皮颜色一致。

3) 布放前应先复核电缆的规格、程式及段长,以免发生差错。布放时应按排列顺序放上走道,以避免交叉或放上后再变更位置。放电缆时要避免电缆扭绞。

4) 放绑人员应站在电缆走道旁边的梯凳或木桥上,每人负责一段。禁止在走道或槽道上踩踏。

(2) 布放电缆的基本方式

1) 电缆应互相平行靠拢,无空隙。

2) 麻线在横铁或支铁上要并拢平行,不交叉,不歪斜,排列整齐。线扣应成一直线,位置在横铁的中心线上。

3) 电缆在走道上拐平弯时,转弯部分不可选在横铁上,以免捆绑困难,应将转弯部分选在临近两横铁之间,并力求对称。

4) 大堆电缆分成几堆下线时,应尽可能将上面的电缆绑成一直线,避免起伏不平的现象。

5) 电缆弯度均匀圆滑,起弯点以外应保持平直。电缆曲率半径:63 芯以下的应不小于 60mm,63 芯以上的应不小于电缆直径的 5 倍。

6) 上、下走道间的电缆在距起弯点 10mm 处各空绑一道;如果垂直的一段长度在 100mm 以下,可仅在中间空绑一道。

7) 配线架上的水平走道电缆下线时,应在走道至第一支铁的中间空绑一道。

8) 配线架端子板电缆编扎(或分、穿线)后,其出线前面一段应绑扎在配线架的支铁上。

9) 布放槽道电缆时可以不绑扎，槽内电缆应顺直，尽量不交叉，电缆不溢出槽道。在电缆进出槽道部位和电缆转弯处应绑扎或用塑料卡捆扎固定。

7. 电缆作弯

(1) 电缆作弯的方法

1) 用两手握住电缆侧面，从电缆的起弯点开始，缓缓地顺次将电缆弯作好。一般先弯小一些，然后将电缆的两端直线部分向外反弯一下，以防电缆在绑好后变形。

2) 成堆电缆作弯，应采用电缆枕头（木模），这样既保证质量，也便于施工。

3) 电缆弯好后，可用废芯线将电缆临时绑好；但不可用裸铜线捆绑，以免勒伤电缆外皮。

4) 作弯时，应尽可能一次将弯作好。要避免一再修改而使电缆芯线绝缘受损，而且一再修改也更不易达到作弯的要求。

5) 作弯时，应多次从上下左右前后各个侧面观察作弯质量，及时纠正不当之处。尤其在绑最初几根电缆时，因电缆较少，容易变形，更应注意。

(2) 机架电缆作弯的方法

1) 机架电缆下线，最好在一处下线。电缆较多时，可考虑两处下线。

2) 已绑好的电缆，需将线把与作成端的端子板对齐，用废芯线将电缆捆在电缆支铁上。

3) 先弯好最里面的一条电缆（即离机架最近的一条电缆），并把它绑在列走道横铁上，再依次作弯其他电缆。机架电缆下弯的弧度应一致，作弯时可利用作弯模板比量。

(3) 大走道上下电缆作弯的方法

1) 电缆在直走道上绑至距作弯的 1~2 根横铁时，须先将电缆弯作好后再继续绑下去，不应将电缆绑到起弯点时才开始作弯。

2）先按规定位置作好第一条电缆弯，并以此为准作其他各条电缆弯。

3）靠近电缆弯的1~2根横铁，应绑得稍紧一些。在每层转弯处不宜压得过紧，以免电缆弯将被压拓下来，致使电缆弯不成型。

8．捆绑电缆

（1）注意事项

1）捆绑电缆前应检查核对每根电缆的起始部位、路由和电缆截面图的位置是否符合设计，而且设计预留的空位不得遗漏。

2）捆绑电缆可根据不同情况采用单根捆绑法或成组捆绑法。

3）电缆一般应在一组放完后一次捆绑；电缆条数较多时，可分几次捆绑，每次不超过20~25条，布放好一部分即可捆绑一部分。如电缆堆需凑齐一组方能捆绑时，应将电缆用临时扎线捆扎成形。

（2）捆绑电缆的方法

捆绑电缆前，通常先从配线架一端开始整理，将电缆位置对准，然后在支铁上作临时捆绑，经检查两端留长都能满足成端需要后，即可正式捆绑。正式捆绑可从一端开始向另一端顺序进行；如果电缆两头不编线时，也可从中间向两端捆绑，但不得从两端向中间捆绑。

9．电缆整理

（1）捆绑电缆时，应随绑随整理。

（2）电缆堆部分不平直时，可垫以木块，并用橡皮榔头轻轻敲打矫正。

（3）每组电缆放绑完毕后，即可将辅助支铁和临时捆扎线去掉。

（4）作大走道电缆弯用的辅助支铁，应在绑好一道悬空捆绑后方可取下。

（5）用钩针和穿针调整不规则的线扣，使其合乎要求。

（6）捆绑电缆后，其长出的麻线应先打死结，然后压在电缆堆里面。

三、插接架间电缆布线

1. 一般规定

（1）插接架间电缆必须依据设计文件进行，电缆的走向及路由应符合厂家的有关规定。

（2）架间电缆及布线两端必须有明显的标志，不得错接、漏接。

（3）插接部位应当紧密牢靠，接触良好。插接端子不得折断或弯曲。

（4）架间电缆及布线插接完毕后应进行整理，使外观平直整齐。

2. 分线、穿线

（1）电缆剖头处应平齐，不得损伤芯线的绝缘。

（2）分线应按色谱顺序，不得将每组芯线的互绞打开，防止出现鸳鸯线对。

（3）剪线尺寸应根据设备的实际情况决定，长度应一致。

（4）当端子板（或接续模块）呈竖向安装时，面向端子板，左面为电缆面，右面为跳线面。

横向安装时，下面为电缆面，上面为跳线面。

（5）按照电缆色谱和每孔芯线数进行穿线，穿线过程中要注意保留标签。预备线对穿过穿线板的最后一孔，折入穿线板内。

3. 绕接电缆芯线

（1）绕接电缆芯线必须使用绕线枪，不得以手钳代替。

（2）刮线时留长要准确，用力要得当，不要刮伤芯线。

（3）每根芯线在端子上绕接的圈数应为：线径为 $0.4\sim 0.5mm$ 时是 $6\sim 8$ 圈，$0.6\sim 1.0mm$ 时 $4\sim 6$ 圈。

（4）绕接应紧密，但不应叠绕。

（5）绕接芯线应从根部开始，不接触端子的芯线部分不宜露铜，芯线不得有明显的损伤。

4. 卡接芯线

(1) 卡接芯线时必须使用厂商提供的专用工具。

(2) 芯线宜成组嵌入卡接模块的线槽中，在确认色谱正确、留长适当后，一次性地将一组芯线逐根卡接入槽。

(3) 所用的电缆两端连接完成后，应当进行一次对线。发现错线、鸳鸯线、断线等时，要及时查找原因，予以排除。

5. 敷设电源线

(1) 质量要求

1) 安装机房直流电源线的路由、路数及布放位置应符合施工图的规定；使用导线（铝、铜条或塑料电源线）的规格、器材绝缘强度及熔丝的规格均应符合设计要求。

2) 电源线应采用整段的线料，不得在中间接头。

3) 交换机系统使用的交流电源线（110V 或 220V）必须有接地保护线。

4) 直流电源线成端时应连接牢固，接触良好，保证电压降指标及对地电位符合设计要求。

5) 机房的每路直流馈电线连同所接的列内电源线和机架引入线两端腾空时，用 500V 兆欧表测试正负线间和负线对地间的绝缘电阻均不得小于 1MΩ。

6) 交换系统使用的交流电源线两端腾空时，用 500V 兆欧表测试芯线间和芯线对地间绝缘电阻均不得小于 1MΩ。

7) 电源布线应平直、整齐，看不出有明显的起伏不平的现象及锤痕。导线的固定方法和要求，应符合施工图的规定。

8) 铝（铜）排安装完毕后应在正线上涂上红色油漆，负线涂上蓝色油漆。油漆应当均匀光滑，不应有漏涂和流痕。

9) 采用电力电缆作为直流馈电线时，每对馈电线应保持平行，正负线两端应有统一的红蓝标志，安装后的电源线末端必须用胶带等绝缘物封头，电缆剖头处必须用胶带和护套封扎。

10) 汇流条接头处应平整、光洁，铜排镀锡，铝排镀锌锡焊料。加工后母线截面的减小值：铜排不大于 3%，铝排不大于

5%。

11）汇流条转弯的曲率半径应符合表1-1的规定。

汇流条转弯的曲率半径　　　　表1-1

母线种类		最小曲率半径		备注
		铜	铝	
汇流条平弯	50×5及其以下	2b	2b	
	125×12.5及其以下	2b	2.5b	
圆棍	直径16mm及其以下	50mm	70mm	
	直径30mm及其以下	100mm	150mm	
汇流条麻花弯		C大于等于$2.5a$		

注：表中a为汇流条宽度，b为厚度，C为最小曲率半径。

电源线在转弯时的曲率半径应符合下列规定：

①铠装电力电缆不小于其外径的15倍。

②塑料电力电缆不小于其外径的10倍。

12）走道或槽道上布放电源线的质量要求与放绑电缆的质量要求相同。

13）汇流条鸭脖弯连接的搭接长度：铜排等于其宽度，铝排等于其宽度的1.3倍。鸭脖长度为汇流条厚度的2.3倍。

14）电力电缆和电源线不得有中间接头。

（2）准备工作

1）检查线料规格、质量是否符合设计规定。在相对湿度不大于75%时，用500V兆欧表测试线料的绝缘电阻应符合厂家规定，一般不小于100MΩ。

2）检查电源线敷设路由，检查各种支架及胶木座、接线盒等配件是否完整。

3）熟悉施工图纸。

4）准备下列工具：

台虎钳、锯弓、锉刀、梯、木梯、喷灯、焊锡锅、电工刀、

300W 电烙铁、手电钻等。

（3）注意事项

1）主干汇流条可以预制并在列架安装完毕后进行安装。列内电源线应在电缆放绑后进行安装。电源线的安装进度应不影响通电调测工作的要求。

2）扩建时安装机房电源线只能在带电情况下进行，所以必须选择在夜间话务空闲时施工，要求施工人员操作熟练，并特别注意安全，避免通信中断。应制定安全措施，尽量减少带电操作，先把可以不带电的工作做完，经检查无误后方可与带电设备或汇流条连接。

3）增装和割接电源时，应与相关单位取得联系和配合，并采取相应的安全措施，确保通信畅通。

4）带电施工时，使用的金属工具如改锥、扳手等应用黑胶布或塑料带缠绕绝缘，只露出使用部分。手电钻、电烙铁等不能接地线。

5）安装完毕，必须进行绝缘测试与电路的通断测试，合格后方可接通电源。

6．安装汇流条

（1）汇流条的锤平可参照铁件加工中扁钢的锤平方法，但不可用力过猛，以免留下锤痕。

（2）按照实际路由与通过现场测量确定汇流条长度，并根据材料情况进行合理选配，以减少短头。

1）汇流条接头应不妨碍列保险的安装或列内分路接线，接头不能位于汇流条支铁及其他装置处，其距离应不小于200mm。

2）如在汇流条的平弯附近接头，连接处距汇流条弯曲出的距离应不小于30mm。

3）汇流条的末端应在不发展的一侧留长50mm，在发展的一侧留长200mm，并钻好连接孔，供发展时连接用。

（3）截料时应留出适当的余量。当母线作弯长度不容易控制准确时，可先作弯后再截料。在台虎钳上夹持固定汇流条时，应垫以软金属或薄木条，以防夹伤母线。

(4) 汇流条作弯是使用液压窝弯器（弯排机），在同一位置的上、下、左、右的几根母线，弯度要一致，并符合质量要求。

(5) 汇流条接头鸭脖子弯的制作：

1) 按照表1-2规定，两根作弯线应当正面一根，反面一根。

汇流条接头的划线距离 表1-2

母线规格	划线距离（mm）	
	A	B
120×12	150	120
100×10	125	100
80×8	100	80
60×6	75	60
40×4	50	40

2) 使用液压窝弯器（弯排机）作鸭脖子弯并定型。

3) 检查鸭脖子弯是否符合要求，找出尺寸、位置不准确的原因并进行修正。

4) 鸭脖子弯的连接螺丝应符合设计规定。如无规定时，铜排用四只螺丝，铝排用六只螺丝，宽度在100mm以上的母线用M12的螺丝，宽度为80mm的母线用M10螺丝，宽度为60mm的母线用M8螺丝。

(6) 母线的紧固螺丝与孔洞直径及使用垫圈的规格应符合表1-3的规定。

母线紧固螺丝与孔径对照表 表1-3

螺丝规格	M8	M10	M12
钻孔直径	9	11.5	13.5
垫圈直径	8.5	10.5	13
弹簧垫圈直径	8.5	10.5	13

(7) 母线T形接头应符合表1-4的规定。

母线 T 形接头划线尺寸（mm） 表 1-4

母线宽度		划线尺寸				孔径
A_1	A_2	B_1	C_1	B_2	C_2	
120	120	60	30	60	30	13.5
100	120	50	25	60	30	13.5
80	120	40	20	60	30	13.5
100	100	50	25	50	25	13.5
80	100	40	20	50	25	13.5
60	100	30	15	50	25	11.5
80	80	40	20	40	20	11.5
60	80	30	15	40	20	11.5
50	80	26	12	40	20	10
60	60	30	15	30	15	10
50	60	26	12	30	15	10
40	60	20	10	30	15	9
50	50	26	12	26	12	9
40	50	20	10	26	12	9

（8）铜排的端头处理

1）将母线加工面向上夹在台虎钳上，并略高于钳口，钳口两侧垫以软金属或薄木条。

2）用粗板锉将加工面锉平，然后用细板锉在加工面上来回细磨，随时用角尺检查，其表面应光洁、平整，并无透光现象，然后再将边沿毛刺打光。

3）用喷灯烘烤母线加工面，待母线加热处呈黑紫色时，涂上焊油，用焊锡条在母线加工面上摩擦，涂上焊锡后，移去喷灯，用油布垫将多余的焊锡擦去，使其表面平整、光洁。

4）如用浸锡方法时，首先在已锉平的母线加工面涂上少许焊油，并轻轻地将其放入锡锅内，稍待片刻，待加工面都挂上焊锡后即可取出，用棉丝将多余的焊锡擦去，使其表面平整、光洁。

5）如暂不安装使用时，应用纸将加工面包好。

（9）安装汇流条支铁

先装上首、尾两端的支铁，并调整好位置，再在两支铁之间拉一麻线，依此麻线为准，安装其他的支铁。支铁安装要端正、牢固。

(10) 安装汇流条

1) 按已配好的段落进行分段安装。将母线穿过支铁，并装好胶木衬片。

2) 鸭脖弯接头的直头靠列内，鸭脖头靠列外，接头螺丝的螺母安装在列内一侧。

3) 母线的水平误差每米不大于 5mm，上、下母线应平行，接头位置要对齐。

4) 机防分两侧排列时，过桥汇流条位置应符合施工图要求。

5) 用同一根支铁安装正、负两条母线时，负线在上，正线在下。

6) 负极汇流条应涂蓝色漆，正极汇流条应涂红色漆。

7. 安装列内电源线

（1）计算和测量列内电源线时，应用皮尺实地测量，并考虑与汇流条连接时作弯的长度以及尾端的留长。

（2）如列内电源线采用多股线时，与汇流条或熔丝的连接应使用铜鼻子。

（3）机架接地应按安装设备供应商提供的资料单独布放地线。

（4）多股电源线与铜鼻子的焊接

1) 根据铜鼻子的孔深，剥去铜芯电缆的一段塑料皮，使导线插入铜鼻子后，塑料皮离铜鼻子约 1~2mm。先将芯线分开，用砂布擦净每根芯线的氧化膜，然后再合好。铜鼻子的内壁和表面要用砂布打磨干净，涂上少许焊油，并修整好导线绝缘皮。

2) 待全部电源线端头和铜鼻子加工完毕后，用电炉或喷灯加热小焊锡锅，使锡熔化，将导线和铜鼻子镀上锡，然后焊接。其步骤如下：

①用钳子夹住铜鼻子，再将已镀好锡的导线插入铜鼻子内，然后放入焊锡锅内用喷灯加热熔化，待原镀锡熔化后取出，使导

线与铜鼻子垂直,并端正地放在木板上。必须注意塑料绝缘与铜鼻子应有 1~2mm 的间隙。

②焊接时可用棉丝轻轻地擦去多余的焊锡,注意此时不可晃动导线,以免影响焊接质量。

③待焊锡冷却后方可松手,并在接头处缠上塑料带或黑胶布。

(5) 多股电源线与铜鼻子的压接

1) 多股电源线与铜鼻子的压接是一种先进、快速的连接方法,但压接法应用专用的铜鼻子,其压管长度约为焊接法所采用的铜鼻子的 2 倍,以可压接 2 道压坑为度。

2) 根据铜鼻子的孔深,剥去铜芯电缆的一段塑料皮,使导线插入铜鼻子后,塑料皮离铜鼻子约 1~2mm。先将芯线分开,用砂布擦净每根芯线的氧化膜,然后再合好,铜鼻子的内壁面要用砂布打磨干净。

3) 将加工好的电源线端头插入铜鼻子的压管内,选择合适的压接钳,将铜鼻子的压管穿入压接钳钳口内,以铜鼻子上连接接线端子的圆孔为准,先远端,后近端地压接两次,每次压接操作以压接钳压接终了的响声为准来终止压接。

4) 压接完毕后,在接头处绕上塑料带或胶布带。

(6) 安装机架引入线

1) 机架电源引入线引至机架的一端应接在架内电源接线柱上,用螺丝加固拧紧。若电源线是单芯,可打圈连接,打圈的弯曲方向应与螺丝拧紧的方向一致。

2) 各螺丝均应加垫片。如在一个螺丝上接两根导线,则两线间应加一垫片。

四、总配线架的安装

1. 质量要求

(1) 总配线架的位置符合设计规定,误差应小于 10mm。

(2) 用吊锤检查直列的垂直,上下相差应小于 3mm。

(3) 用 24in 水平尺测量底座水平,误差不超过水平尺准线。

(4) 走道边铁、滑梯槽钢、直列面保安器和横面试线模块接线排等在安装完成后应成一条直线，看不出歪斜或起伏不平。

(5) 铁架应接地良好。

(6) 加固吊架和滑梯应牢固可靠。滑梯滑行自如，制动装置可靠。

(7) 告警装置完整、可靠。

2．准备工作

(1) 核对各项配件的规格、数量，并检查各项配件是否完整。

(2) 预装配总配线架的列片，可照图纸将每个列片的立柱、横挡用螺丝加以固定，暂不拧紧螺丝。横挡和立柱应当相互垂直，校准时应用角尺将首尾两根横挡的垂直校好，拧紧螺丝，然后再拧紧其余各列的螺丝。不必将每根横挡都用角尺校准。

3．立架

(1) 用水平尺检查地面地平。用 10m 钢卷尺测量成端电缆孔距墙的尺寸及孔之间的距离，并与施工图纸上所标柱的尺寸进行核对，按实际情况修正图纸。

(2) 将总配线架底座铁件搬至成端电缆孔处进行定位装配，先定位装配（预固定）好总配线架的首尾两组底座，使底座铁件、成端电缆孔和墙面三者之间的关系符合设计图纸的要求。

(3) 在已装好的首尾底座之间拉一条麻线，以麻线为准，定位装配中间的各组底座，每组底座接头处应有 1mm 的空隙。再校核成端电缆孔的位置，如孔洞位置不正确时，应以大多数成端电缆孔洞为准，必要时修正少数孔洞的位置。

(4) 如地面系木质地板，划线定位后可用手摇钻打孔，用木螺丝固定底座。如系水泥地面，则应用膨胀螺丝加固。

(5) 用水平尺检查底座的水平，不平时可用铁垫片加以校正，校正完毕后将螺丝拧紧。

4．竖列片

(1) 两人先将列片抬至底座附近竖立起来，地上垫以布或厚纸，以免损坏地板。

（2）将列片抬至底座上，由一人扶住列片，另一人穿入列片与底座的加固螺丝，暂不拧紧螺母。

（3）由一人将已立好的第一列片扶住，另两人按以上方法立第五或第六列片，并将顶上的连固角钢装配上。

（4）补装其余列片。

（5）立好一座配线架以后，先装上两根连固扁钢和固定这两根扁钢的跳线环，然后用吊锤校正立柱的垂直，校正完毕后将全部螺丝拧紧。

（6）用上述方法装好其余各座配线架，然后再装连固铁和跳线环，并全面校正其垂直和水平，跳线环要求成一直线，最后做好加固装置。

5．装槽钢并加固

（1）列架的垂直和水平矫正好以后，即可装上槽钢，作为加固装置。

（2）槽钢与墙面的连接方法应当是：先将加固角钢（其长度应与槽钢短边的宽度相等）用膨胀螺丝与墙面固定，然后槽钢与加固角钢用螺栓连固；注意槽钢的顶端与墙面要留2mm间隙。

（3）为了不影响电缆走道与滑梯的支持，各槽钢应在同一水平面上，并成一直线。

6．安装架上走道及附属设备

（1）架上走道分直列走道和横列走道，它们之间的分界是：从上横角钢起到直列面的成端电缆孔方向的200mm为止的空间。这一段空间用于电缆下线。

（2）架上走道的高度宜比加固槽钢高出200mm，以便电缆下线。从机房电缆孔下来的用户电缆走道与架上走道交叉时，用户电缆走道宜比架上走道高200~250mm，以避免电缆交叉时的阻塞。

（3）总配线架上电缆走道如延伸至现装的总配线架以外，可暂用吊挂固定，待今后扩装总配线架时，再换用电缆走道支铁支持。

(4) 电缆走道边铁在拟扩充的一端应超出横铁 80mm，并预留接头孔洞，以便电缆走道延伸。

(5) 安装试线模块时，宜配合安装穿线板，以便施工和维护。

(6) 总配线架的接地必须可靠，安装接地接头时，其接触面应平整，安装接地铜条时，应对铁件表面处理；以保证整个列架接地良好。

(7) 安装滑动扶梯时，注意滑梯轨道槽钢连接处要平正，以使导轮能平滑通过；各阶梯踏步的平面应保持水平，手刹动作要可靠。

(8) 待总配线架的安装工作接近完成时，即可安装指示板、信号灯、测试塞孔等部件。测试塞孔应安装牢固，其安装位置应符合设计要求。

7. 安装靠墙式总配线架

靠墙式总配线架具有节省机房面积、施工维护方便等优点，在小型通信站采用较为适合。其安装方法与上述基本相同，值得注意的是靠墙式总配线架宜安装在木质底板上，底板再固定在墙面上，并用橱柜加以保护。

第二节 规范对智能建筑通信系统的规定

一、一般规定

1. 通信网络系统应能为建筑物或建筑群的拥有者（管理者）及建筑物内的各个使用者提供有效的信息服务。

2. 通信网络系统应能对来自建筑物或建筑群内外的各种信息予以接收、存贮、处理、交换、传输并提供决策支持的能力。

3. 通信网络系统提供的各类业务及其业务接口，应能通过建筑物内布线系统引至各个用户终端。

二、设计要素

1. 应将公用通信网络上光缆、铜缆线路系统或光缆数字传输系统引入建筑物内、并可根据建筑物内使用者的需求,将光缆延伸至用户的工作区。

2. 应设置数字化、宽带化、综合化、智能化的用户接入网设备。

3. 建筑物内宜在底层或地下一层(当建筑物有地下多层时)设置通信设备间。

4. 应根据建筑物自身的类型和用户接入公用通信网的条件,适度超前地配置相应的通信系统,其接口应符合通信行业的有关规定。

5. 建筑物内或建筑群区域内可设置微小蜂窝数字区域无绳电话系统。在系统覆盖的范围内提供双向通信。

6. 建筑物地下层及上部其他区域由于屏蔽效应出现移动通信盲区时,在行业主管部门的同意下,设置移动通信中继系统。

7. 建筑物相关对应部位应设置或预留VSAT卫星通信系统天线与室外单元设备安装的空间及通信设备机房的位置。

8. 建筑物内应设置有线电视系统(含闭路电视系统)及广播电视卫星系统。电视系统的设计应按电视图像双向传输的方式,并可采用光纤和同轴电缆混合网(HFC)组网。

9. 建筑物内应根据实际需求设置或预留会议电视室,可配置双向传输的会议电视系统,并提供与公用或专用会议电视网连接的通信路由。

10. 根据实际需求,建筑物内可设置多功能会议室、可选择配置多语种同声传译扩音系统或桌面会议型扩声系统,并配置带有与计算机互联接口的大屏幕投影电视系统。

11. 建筑物设置的公共广播系统,应与大楼紧急广播系统相连。

12. 建筑物底层大厅及公共部位应设置多部公用的直线电话

和内线电话。

13. 建筑物内应设置综合布线系统，向使用者提供宽带信息传输的物理链路。

14. 建筑物内所设置的通信设备，除能向用户提供模拟话机 Z 接口外，还应提供传输速率为 64kbit/s，$n \times$ 64kbit/s、2048kbit/s 以及 2048kbit/s 以上的传输信道。

三、设计标准

1. 甲级标准应符合下列条件：

（1）将公用通信网上光缆线路系统或光缆数字传输系统引入建筑物内。并可根据实际的需求，将光缆延伸至用户的工作区。

（2）光缆宜从两个不同的路由进入建筑物。

（3）接入网及其配置的通信系统对于光缆数字传输系统设备容量的需求应满足，承载各种信息业务所需的数字电路、专用电路及其传输线路，并以 2048kbit/s 端口的通路数确定。设计时应按 200 个插口的信息插座配置一个 2048kbit/s 传输速率的一次群接口。

（4）应根据用户的需求和实际情况，选择配置相对应的通信设施。

（5）建筑物内电话用户线对数的配置应满足实际需求，并预留足够的裕量。

（6）建筑物中微小蜂窝数字无绳电话系统，应在建筑物内设置一定数量的收发基站，确保用户在任何地点进行双向通信。

（7）建筑物地下层及上部其他区域由于屏蔽效应出现移动通信盲区时，应设置移动通信中继收发通信设备，供楼内各层移动通信用户与外界进行通信。

（8）VAST 卫星通信系统在满足用户业务需求的情况下，可设置多个端站和设备机房，或预留端站天线安装空间和设备机房位置、供用户接收和传输单向或双向的数据和话音业务。

（9）有线电视系统（含用户电视系统）应向收看用户提供当

地多套开路电视和多套自制电视节目，并可与广播电视卫星系统连通，向用户提供卫星电视节目，同时预留与当地有线电视网互联的接口。

（10）建筑物内有线电视系统应采用电视图像双向传输的方式。

（11）建筑物内应设置一间会议电视室，配置双向传输的会议电视系统设备。

（12）建筑物内应设置一间或一间以上的多功能会议室和多间商务会议室，相应地选配多语种同声传译扩音系统、桌面型会议扩声系统及带有与计算机接口互联的大屏幕投影电视系统。

（13）公共广播系统应设置独立的、多音源的播音柜，向建筑物内公共场所提供音乐节目和公共广播信息，并应和紧急广播系统相连。

（14）底层大厅等公共部位，应设置多部公用的直线电话和内线电话。

（15）应设置综合布线系统。

2. 乙级标准应符合下列条件：

（1）将公用通信网上光缆、铜缆线路系统或光缆数字传输系统引入建筑物内。并可根据用户的实际需求，将光缆延伸至用户的工作区。

（2）光缆、铜缆宜从两个不同的路由进入建筑物。

（3）接入网及其配置的通信系统对于光缆数字传输系统设备容量的需求，应满足承载各种信息业务所需的数字电路、专用电路及其传输线路，并以2048kbit/s端口的通路数确定。设计时应按250个插口的信息插座配置一个2048kbit/s传输速率的一次群接口。

（4）应根据用户的需求和实际情况，选配相对应的通信设施。

（5）建筑物内电话用户线对数的配置应满足实际需求，并预留足够的裕量。

第二节 规范对智能建筑通信系统的规定

(6) 建筑物地下层及上部其他区域由于屏蔽效应出现移动通信盲区时，应设置移动通信中继收发通信设备，供楼内各层移动通信用户与外界进行通信。

(7) VAST卫星通信系统在满足用户业务需求的情况下，可设置多个端站和提供设备机房，或预留端站天线安装的空间和设备机房位置，供用户接收和传输单向或双向的数据和话音业务。

(8) 有线电视系统（含闭路电视系统）应向收看用户提供当地多套开路电视和多套自制电视节目，并可与广播电视卫星系统连通，以向用户提供卫星电视节目，同时预留与当地有线电视网互联的接口。

(9) 建筑物内有线电视系统宜采用电视图像双向传输的方式。

(10) 建筑物内应设置一间多功能会议室和多间商务会议室，相应地选择配置多语种同声传译扩音系统、桌面会议扩声系统及带有与电脑接口互联的大屏幕投影电视系统。

(11) 公共广播系统应设置独立的、多音源的播音柜，向建筑物内公共场所提供音乐节目和公共广播信息，并应和紧急广播系统相连。

(12) 底层大厅等公共部位，应设置多部公用的直线电话和内线电话。

(13) 应设置综合布线系统。

3. 丙级标准应符合下列条件：

(1) 将公用通信网上光缆、铜缆线路系统或光缆数字传输系统引入建筑物内。

(2) 光缆、铜缆可从一个路由进入建筑物。

(3) 接入网及其配置的通信系统对于光缆数字传输系统设备容量的需求，应满足承载各种信息业务所需的数字电路、专用电路及其传输线路，并以2048kbit/s端口的通路数确定。设计时应按300个插口的信息插座配置一个2048kbit/s传输速率的一次群接口。

(4) 应根据用户的需求和实际情况,选配相对应的通信设施。

(5) 建筑物内电话用户线对数的配置应满足实际需求。

(6) 预留多个 VAST 卫星通信系统接收天线的基底及安装的空间,供日后发展使用。

(7) 有线电视系统应向收看用户提供当地多套开路电视节目,同时预留与当地有线电视网互联的接口。

(8) 建筑物内宜设置多功能会议室,选配会议扩声系统及带有与电脑接口互联的大屏幕投影电视系统。

(9) 应设置公共广播系统,可兼作紧急广播系统。

(10) 底层大厅等公共部位,应设置公用的直线电话和内线电话。

(11) 应设置综合布线系统。

第三节 通信系统的常见故障和排除方法

一、电话机的常见故障和排除方法

电话机常见的故障、原因和排除,见表1-5。

电话机常见故障、原因和排除方法　　　　表1-5

电路	故障现象	原 因 分 析	排 除 方 法
极性保护电路	拨号脉冲发不出去,拨号后仍有拨号音	①在发号断路时,环路中一直存在影响交换机识别电话机发送脉冲的直流电流 ②二极管一个或两个反向漏电流大 ③压敏电阻漏电大	①只要拨号电路电源线十、一对换 ②更换二极管 ③更换压敏电阻,或将压敏电阻焊掉
	摘机后电话不通	和极性保护电路有关: ①极性保护二极管开路或虚焊 ②叉簧接触不良	①更换极性保护二极管或焊实 ②更换叉簧或调整、擦洗叉簧接点

第三节 通信系统的常见故障和排除方法

续表

电路	故障现象	原 因 分 析	排 除 方 法
拨号电路	拨号后仍可听到拨号音，但在拨号过程又听到"咯咯"的声音	①由于在发号断路时线路环路中仍然存在较大的直流电流 ②二极管的漏电流大 ③$\overline{PD}$输出的低电平偏高	①更换漏电流大的晶体管 ②更换漏电流大的二极管 ③更换集成电路
	摘机后，电话机不通（无拨号音或拨号音极小）	①电阻虚焊或损坏，开路 ②晶体三极管虚焊，失去偏流而截止 ③拨号集成电路损坏，$\overline{PD}$输出为低电平，使晶体管失去偏流而截止 ④电路板、或印刷电路线断线致使线路环路无电流	①焊实电阻、或更换 ②焊实晶体管或更换新品 ③更换集成电路 ④接通电路板或印刷电路连线
	摘机后，电话机通话电路正常，可以听到拨号音，但不发号，也听不到发号的"咯咯"声音	由于拨号集成电路工作不正常 ①拨号集成电路失去电源而不工作 ②晶体管在摘机后不能进入导通饱和状态造成此故障 ③晶振损坏或虚焊，使振荡器停振	①恢复拨号集成电路的电源 ②更换晶振或重新焊实
拨号电路	键盘输入时，有一列或者一行不发号或者按某一个按键不发号	①集成电路的输入脚连线断，使某些数字键不能输入到集成电路，致使这些数字键输入都无效 ②某一个键不发号，则键的印制上接线断线或接点接触不良	①接通集成电路输入脚的连线 ②接通印刷板到集成电路输入脚的连线 ③解决接触不良问题
	拨号后拨号音不断，但可以听到发号时的"咯咯"声音	由于在发号断路期间，电路中仍然存在较大的直流电流 如静噪电路的漏电流大，在发号过程中，由于直流电流大小仍有变化，所以听到发脉冲的"咯咯"声音 又如脉冲开关电路漏电流大	①检修静噪电路 ②检修脉冲开关电路
	无双音多频信号输出	①电源电压、启动脚的电压有问题 ②音频发号电路有问题 ③三极管损坏，失去放大作用 ④电阻虚焊或变值	①测量电压，使电压恢复正常 ②更换晶体二极管 ③更换电阻，或将电阻的接触点焊实

续表

电路	故障现象	原 因 分 析	排 除 方 法
通话电路	无送、受话	发送电路和接收的公共控制部分有问题 内部放大器因无偏置电流而失去放大作用,使送、受话全无	使通话集成电路的输入电压恢复正常,或更换集成电路(如JEA1062)
	无送话	①集成电路脚(GAR 和 OR+)之间的电阻虚焊或开路 ②集成电路内部送话放大器损坏	①将电阻焊实或更换 ②更换集成电路
	发送声音太大	当送话放大器负反馈电阻内部开裂或虚焊时,负反馈消失,发送放大器处于最大放大状态,所以送话灵敏度特别高,造成发送音量过大	更换负反馈电阻或产生虚焊点重新焊实
	送话声音很小	①造成驻极体送话器的工作电压不正常,使驻极体内部的场效应管放大倍数减小的电阻值变大 ②集成电路管脚(RFG)的电容失效或开路 ③驻极体送话器损坏	①更换电阻 ②更换电容或焊实 ③更换驻极体送话器
	无受话	①受话通路中的任何的串联元件开路或虚焊,都能引起无受话 ②受话器断线或四线绳断线	①检修从脉冲发号三极管至受话器电路的每个元件,焊实或更换 ②接通受话器或四线绳,不可恢复时更换新品
	受话声音不正常 受话声音大而且失真 受话声音小 受话器在摘机后发出"咯嚓咯嚓"声	①负反馈电阻开路,使输出信号的波形被限幅而引起失真 ②受话放大器的激励级输入脚电容漏电大,使信号被旁路 ③耦合电容失效 ④受话器损坏	①更换电阻,并焊实 ②更换电容 ③更换受话器
	侧音大	消侧音电路中的任何一个元件损坏、虚焊或开路都会使消侧音的效果不良	更换损坏元件 虚焊处焊实

· 32 ·

第三节 通信系统的常见故障和排除方法

续表

电路	故障现象	原 因 分 析	排 除 方 法
扬声通话电路	扬声受话无声音	①集成电路第6脚无电压 ②电源无电压 ③扬声器断线 ④信号通路某个元件开路或虚焊	①检查有关元件，是否开路或虚焊，使其恢复通路 ②将扬声器接通 ③焊实接通信号通路
	扬声受话声音小、啸叫或者有汽船声	①耦合电容失效、容量变小，使送到扬声器的有用信号减小 ②集成电路的电阻开路或阻值变大，使集成电路的负反馈加深 ③交流信号通路中的电容失效或电阻阻值变大 ④防高频自激的负反馈电容开路，产生高频自激，引起啸叫 ⑤电源电路的滤波不良，产生低频振荡而发出汽船声	①更换耦合电容 ②更换集成电路的电阻或焊实 ③更换电容或电阻 ④焊实接通负反馈电容 ⑤更换滤波元件
免提通话电路	无送、受话	①放大和控制用集成运算放大器电源脚开路 ②受话信号电路电容旁路 ③电源电压低、引起放大器不能工作或是运算放大器损坏	①恢复电源脚通路 ②更换失效电容 ③调整电源电压 ④更换运算放大器
	有受话而无送话	①发送通路的放大器损坏 ②串联在发送通路的元件开路或虚焊 ③衰减控制器不能正常工作，本身出现故障	①更换发送通路的放大器 ②焊实元件，恢复通路 ③更换衰减控制器
	有送话无受话	①衰减控制器总处于发送状态，受话信号被短路，电容失效、开路或虚焊，电阻开路或虚焊 ②晶体管截止、开路或虚焊使信号电压被毫无分流地送到放大器进行放大	①更换电容电阻，焊实、使其通路，使衰减控制器正常工作 ②焊实虚焊，使通路，使晶体管正常工作

续表

电路	故障现象	原 因 分 析	排 除 方 法
振铃电路	无振铃	①电源不正常 ②叉簧的接点接触不良 ③振铃电路电容开路或虚焊、击穿、稳压管损坏 ④蜂鸣器脱焊 ⑤振荡器不起振，振铃集成电路损坏	①恢复电源电压 ②检修叉簧的接点 ③焊实电容，更焊稳压管 ④焊实蜂鸣器接线 ⑤更换振铃集成电路
	振铃声音无常	①压电蜂鸣器损坏 ②滤波电容失效、开路或虚焊，引起振铃集成电路工作不正常 ③高频振荡器的外接元件（电阻、电容）开路，使振铃电路停振，只能听到"扑扑"声音 ④低频振荡器的外接元件（电阻、电容）开路、短路，使低频振荡器停振，只能听到单一的高频振铃声 ⑤电容漏电大或短路，使直流电压直接加在振铃电路上，这时挂机常响铃	①更换蜂鸣器 ②更换振铃集成电路的滤波电容或焊实恢复通路 ③恢复高频振荡器外接元件通路 ④恢复低频振荡器外接元件通路 ⑤更换相关电容
特殊功能电路（锁控电路）	把锁置于锁"0"位置，摘机后第一次按"0"照发	①锁开关损坏，开关总是处于接通状态 ②晶体管集电极一发射极漏电大 ③触发器工作不正常	①修锁开关 ②更换晶体管 ③检查触发器的元件，并进行检修使触发器正常工作
	长途拨号时正常，但锁在锁"0"位置时，正常拨号时的"0"也拨不出去	①触发器不翻转、三极管截止 ②三极管虚焊或开路 ③集成电路至触发器间断线，也是造成触发器不能翻转	①检修触发器 ②焊实三极管，并使其恢复通路 ③检查集成电路至触发器间的连线，使其恢复通路

续表

电路	故障现象	原因分析	排除方法
特殊功能电路（外线音乐保持电路）	外线保持不住	电阻开路或印制板断条或断线，使晶体管偏流消失而截止，致使外线保持不住	恢复电阻和印刷极通路，若三极管损坏则应更换
	能保持，但不能恢复	电容开路或失效，虚焊，使反向偏置电压失去，使晶体管一直导通而不能截止	更换电容，并使其恢复通路
	挂不了机，音乐声不停	电路晶体管漏电大，常处于导通状态	更换晶体管

二、程控交换机的维修

为保证全程全网的通信质量，对程控交换机的维护和修理就显得十分重要。由于，程控交换采用集成电路，分立元件少，在系统结构上，有的采用分散控制方式，关键部位采用冗余技术，较大容量采用双工热备控制方式，因此程控交换机系统可靠性高、故障少、维护工作量小。但相应的对维修人员的素质要求高。

程控交换机的操作管理与维修系统是借助于软件及接口测试电路实现的。在交换机软件系统中操作管理程序和故障诊断程序占相当大的比例，在交换机系统的控制单元中设置了操作维修的管理模块来协调整个系统的操作维修和人—机通信。管理模块没有外设接口，用以连接磁盘、磁带、人机终端和告警显示。操作维修人员使用人—机命令并通过这些外围设备进行各项维护和修理的操作。

通信设备的维护和修理一般有两种方式，即修复障碍和定期保养和维修。前者是指设备发生故障后，采取纠正措施予以修复;后者则是按预先制定的测试、修复计划,定期进行保养和维修工作。纠正性维修的主要内容是按设备部位划分为用户线、局间中继线、交换网络、控制系统、输入输出外围设备维修;按维护程序分为故障诊断、故障分析、故障处理及复原。预防性维修的主要内容是通过维护终端,使用人—机命令,使程控交换机在话务负荷较轻时,作周期的、全面的测试,事先发现可能影响运行的故障;建立维修人员周期维修制度,明确值班人员日检月巡的内容。重点检测告警系统、维护测试终端、I/O 接口、磁带或磁盘,使之经常处于正常状态。

本书以 MD110 程控数字用户交换机为例,介绍有关程控交换机的维修内容和方法。

MD110 程控数字用户交换机是瑞典爱立信公司开发的通信产品,该产品的系统设计采用了现代通信技术、电子计算机技术和微电子技术,并将这三种技术融为一体,使 MD110 成为一个高度模块化结构设计的全分散控制系统。

1. 故障定位

在系统处于程序加载阶段时,系统故障,可由 LOG 板监视数字说明,根据 LOG 板显示数字查随机资料可进行故障定位。

在系统进入正常运行之后,如系统出现故障告警,可由维护终端通过指令得故障代码,查随机资料或屏幕显示进行故障定位。

常用的故障定位指令:

(1) 告警记录查看

$$\text{ALLOP} \left[\begin{cases} [\text{CLA} = \cdots][,\text{GRP} =] \\ \text{CODE} = \\ \text{ALP} = \end{cases} \right]$$

该指令用于查看系统告警记录中的详细告警信息。在维护终端输入该指令后,交换机输出的屏幕显示:

ALARMLOG

IDENTITY:……

第三节 通信系统的常见故障和排除方法

　　YERSION：……
　　DATE：……　TIME：……
　　CLASS：
　　ERROR CODE CLARIFYING TEXT……
　　DATE TIME ALP NOIF[ONIT]　[EQU]　[BRDID]　[GSSIDE]
[GSM]
　　　[RDATE]　[RTIME]　[INF1]　[INF2]　[INF3]　[INF4]
　　[NO ALARMS IN…]
　　[ERRORCODE NOT ALARMED]
　　END
　　故障排除后，可用 ALREI 删除故障告警记录。
　　(2) 闭锁故障设备查看：
　　BLEDP：[LIM=…][，TYPE=]；
　　该命令用于查看设备闭锁、线路闭锁或指定设备的故障标记。在维护终端输入该指令后，交换机输出的屏幕显示：
　　FAULTY DEVICES
　　EQU BOARDID BLOCKING DISTMARK LINELOCK
　　(3) 查看错误信号的发生情况
　　HIEOP[：LIM=]；
　　(4) 查看错误信号的人工诊断信息
　　HIMDP：[LIM=][，DATE=][，TIME=]；
　　(5) PCM 链路故障记录查看：
　　GJLOP：[LIM=]；
　　2. 设备板功能测试设备
　　如通过查看告警记录后，怀疑某块板有问题，可从维护终端输入功能测试指令而进一步加以确认。
　　(1) 故障检测电路的测试设置：
　　FTFCI：LIM=[，LCSIDE=]：
　　测 LPU 板上三种故障：奇偶校验控制电路、写保护电路、监视电路。

(2) 检查和功能测试的设置:

FTCSI:LIM = ,UNIT = [,LCSIDE =]

该功能将同时对程序码和交换机数据进行检查和测试

(3) 多方用户电路板 MPU 功能测试设置:

FTMDI:LIM = ;

(4) 多频互控信号 MFC 设备板 MSU、MRU 功能测试设置:

FTMFI:LIM = …;

(5) 信号音设备的功能测试:

FTTDI:LIM = …;

(6) 中继环路功能测试的设置:

FTTLI $\begin{cases} BPOS = \cdots \\ EQU = \end{cases}$ [,LPTYPE =];

(7) LIM 交换功能测试的设置:

LSFTI: $\begin{cases} LIM = [,DSU = \cdots] \\ EQU = \cdots \end{cases}$ [,FULL =] [,LCSIDE =];

(8) PCM 链路的功能测试的设置:

GJFTI:GSMULT = ;

(9) GS 模块的功能测试的设置:

GSFTI:GSM = ,GSSIDE = ,TEST = ;

3. 设备故障闭锁、解锁设置

如确定设备的故障位置后,可经维护终端输入指令,对故障设备进行闭锁或解锁处理,以便排除故障或更换故障设备。

(1) 设备板闭锁指令设置:

BLDBI:BPOS = ;

(2) 设备板解锁指令设置:

BLDBE:BPOS = …[,ALLFM =];

(3) 设备板电路端口闭锁设置:

BLEQI:EQU = …;

(4) 设备板电路端口解锁设置:

BLEQE:EQU = ···[, ALLFM =];

(5) LIM 机柜闭锁设置:

BLLTI:LIM = ;

(6) LIM 机柜解锁设置:

BLLTE:LIM = [, ALLFM =];

(7) LIM 交换网闭锁设置:

LSBLI:LIM = , DSU = ;

(8) LIM 交换网解锁设置:

LSBLE:LIM = , DSU = ;

(9) PCM 链路的闭锁设置:

GJBLI:GSMULT = , GSSIDE = ;

(10) PCM 链路解锁设置:

GJBLE:GSMULT = , GSSIDE = ;

(11) GSM 的闭锁设置:

GSBLI:GSM = , GSSIDE = ;

(12) GSM 的解锁设置:

GSBLE:GSM = , GSSIDE = ;

4．更换故障设备

当确定故障原因，需要更换其设备或元器件时，为不影响系统内其他设备的正常运行应进行相应处理后，才可将故障设备取出断开。

(1) SSU/DSU、BSU/LSU 交换网络板更换

当断定交换网络板故障，需要更换时，其过程：首先确定系统中是否有 GS，用 SCICP 指令查系统中哪个 LIM 是主 LIM，如需更换的插件板在主 LIM 柜内，键入指令 SCICI，将主 LIM 功能重新分配给其他 LIM，键入指令 BLLTI，闭锁 LIM 话务。当所有话务都中止了，关掉该 LIM 的电源，拔下电缆，更换插件板，再将电缆接上。打开电源，按动 LPU 板上的 RESET 键，等待再动；键入指令，SFCEI 通知系统新的配置，用指令 LSFTI 测试新插件板，键入指令 BLLTE，对 LIM 解锁，键入 ALREI 指令删除告警记

录,用指令 SCICI 将该 LIM 重新设置为主 LIM。

(2) TLU 中继板插件更换

如故障板为数字中继/直达中继时,用指令 SCEXP 检查该板是否接收外部同步信号,如是,则用指令 SCEXI 将外部同步信号移至其他 TLU 板,用指令 BLDBI 对故障板进行闭锁,拔掉旧插件板和电缆,更换上新的插件板并重新接插好电缆,用指令 RFBOI 启动该插件板,用指令 BLDBI 为该插件板解锁,删除告警记录 ALREI。

(3) LPU 插件板更换

首先确定系统中是否有 GS,用 SCICP 指令查系统中哪个 LIM 是主 LIM,如需更换的插件板在主 LIM 柜内,键入指令 SCICI,将主 LIM 功能重新分配给其他 LIM,键入指令 BLLTI,闭锁 LIM 话务。当所有话务都中止了,关掉该 LIM 的电源,更换 LPU 板,再打开电源,按 LPU 板的重新启动键,LIM 柜自动进行重新装载。启动交换机整体系统,用指令 BLCTE 对 LIM 解锁,键入 ALREI 指令删除告警记录,用指令 SCICI 将该 LIM 重新设置为主 LIM。

(4) MEU 插件板更换

首先确定系统中是否有 GS,用 SCICP 指令查系统中哪个 LIM 是主 LIM,如需更换的插件板在主 LIM 柜内,键入指令 SCICI,将主 LIM 功能重新分配给其他 LIM,键入指令 BLLTI,闭锁 LIM 话务。当所有的话务都中止了,关掉该 LIM 的电源,更换 MEU 板,再打开电源;按 LPU 板的重新启动键,LIM 柜自动进行重新装载,用指令 BLLTE 对 LIM 解锁,键入 ALREI 指令删除告警记录,用指令 SCICI 将该 LIM 重新设置为主 LIM。

(5) 电源插件板更换

首先确定系统中是否有 GS,用 SCICP 指令查系统中哪个 LIM 是主 LIM,如需更换的电源板是在主 LIM 内,键入指令 SCICI,将主 LIM 功能重新分配给其他 LIM,键入指令 BLLTI,闭锁 LIM 话务。当所有话务都中止了,关掉该 LIM 的电源,更换电源板,再打开电源；按 LPU 板的重新启动键，LIM 柜自动进行重新装载，用指令 BLLTE 对 LIM 解锁，键入 ALREI 指令删除告警记录，用指令 SCICI 将该 LIM 重新设置为主 LIM。

(6) TSU、TRU_1、TRU_2、TRU_3、MSU、MRU_1、MRU_2、MPU 板更换

键入指令 BLOBI，闭锁板上新话务，当板上没有话务后，判断新旧设备板类型是否相同。如相同，拔出旧设备板，插入新设备板并测试。键入指令 RFBOI，启动设备板，测试板，键入指令 BLDBE，解锁设备板，键入指令 ALREI，删除告警记录中的记录，如插入的新设备板与旧设备板不相同，则键入指令 CNBDE，取消原板位，插入新设备板，键入指令 CNHUI，对新设备板进行认定。

(7) REU 板的更换

关掉 REU 板上的开关，切断板子电源，拔掉板子前面的电缆，更换该电路板，连接板子前面电缆，接通新板 REU 电源。

(8) 其他设备板更换

键入指令 BLDBI，闭锁需更换的旧设备板，对新旧电路板进行对比，看是否相同，如不相同，应键入 CNBOE 指令，拔出旧电路板，插入新电路板，键入 CNBOI 指令，对新电路板进行认定，测试新板子，用指令 RFBOI 启动新电路板，键入指令 BLDBE，对电路板进行解锁，用指令 ALREI 删除告警记录。

(9) PCM 链路更换

键入指令 GJLSP，查看系统中哪个为主 LIM，系统中是否包含 GS，需要更换的 PCM 链路是在主 LIM 内吗？如果是，键入指令 SCICI，将主 LIM 功能转移到其他 LIM 中，如果在 LIM 中，有不止一块 GJU-L 板，键入指令 SCREI 和 GJSLI，将同步接收及信号转移至其他 GJU-L 板上，键入指令 GJBLI 闭锁 PCM 链路，更换其 PCM 链路，用指令 GJFT1 对 PCM 链路进行测试。用指令 GJBLE 对 PCM 链路进行解锁，如若 PCM 链路为同步接收式信号传输链路，则可键入指令 SCREI 和 GJSLI，分别重新设置在 LIM

中的同步接收链路和到 LIM 中的信号传输链路，如果在系统中有 GS，且更换的 PCM 链路是在主 LIM 中，键入指令 SCICI，恢复原来的主 LIM 配置，键入 ALREI 指令，删除告警记录中的所有记录。

（10）GCU/GCU2 的更换

当系统中有 GS 时，需要确定 GS 内有几个 GSM 柜，键入指令 SCICP，验证需更换设备板的 GSM 是否为主 GSM，如果是主 GSM，键入指令 SCICI，将主功能转移到其他 GSM 上，键入指令 GSBLJ，闭锁需更换设备板的 GSM，键入指令 SCREI 和 GJSLI，将同步接收和信号传输转移到其他 GSM 上，键入指令 GSCNE，删除相应的 GSM；拔掉 GCU/GCU2 板前面的电缆及电阻插头，如连到设备板上的是两根电缆，则两根电缆均应从设备板上拔出，且不能分开。然后，更换 GCU 板，将电缆和电阻插头连接到新的 GCU/GCU2 板，等待系统进入稳定状态后，键入指令 GSRFI 重新启动 GSM，又键入指令 GSCNI，再设置新的 GSM，键入指令 GSFTI 测试新 GSM，用指令 GSBLE 对 GSM 进行解锁，键入指令 ALREI，删除告警记录中的所有记录。

（11）GRU 板的更换

键入指令 GSBLI，闭锁相关的 GSM。键入指令 GSCNE，关闭相关 GSM 的输入，拔掉设备板前面的电缆，更换设备板，连接设备板前面电缆，键入指令 GSCNI，打开相关 GSM 的输入，用指令 GSFTI 测试相关的 GSM，用指令 GSBLE 解锁相关的 GSM，键入指令 ALREI，删除告警记录中的所有记录。

（12）GSU 板的更换

首先键入指令 GSBLI，闭锁 GSM，再键入指令 GSCNE，关闭相关 GSM 的输入。拔掉相关设备板前面的电缆，更换设备板，然后连接好设备板前面的电缆，再键入指令 GSRFI，然后启动 GSM，此时键入指令 GSCNI，打开相关 GSM 的输入，又用指令 GSFTI 测试 GSM，用指令 GSBLE 解锁 GSM，最后键入指令 ALREI，删除告警记录中的所有记录。

(13) IPU 板的更换

如果在 LIM 中需要更换 IPU 板时，首先键入指令 CNBOE，拔掉电缆，更换 IPU 板，再连接好插头电缆，键入指令 CNHUI，认定 IPU 板，最后用 ALREI 指令，删除所有告警记录。

5．帮助故障排除，对主要插件的测试点进行测试

(1) LSU：对 ROF131 4413/1 进行有关测试输出项目的测试。

(2) DSU ROF 131 4414/1。对有关测试输出项目进行测试。如串行时钟、串行输入输出信号等。

(3) 除固定板位外，其他设备板位置的背板，进行有关信号的测试，如时钟、帧同步、PCM 输入输出等。

三、JSY2000 型数字程控交换机故障处理实例

依据多年来的维护经验，处理 JSY2000 系列数字程控交换机故障时，可分为 3 个步骤进行：第 1 步是认真准确地观察设备的运行情况，掌握故障现象；第 2 步是通过分析判断，逐步缩小故障的定位范围，找出故障产生的原因；第 3 步是排除故障或采取抢代通措施，及时恢复通信顺畅。下面介绍几个故障处理实例。

1．故障实例 1：JSY2000 型数字程控交换机整机瘫痪，通信中断。

(1) 故障分析：观察交换机主控板、用户板、电源板指示灯，均呈正常状态；检查核对系统数据，也无错误显示；查看上级局光数字通信终端设备，也没有任何异常告警。但主叫用户摘机后却没有任何声音，通信中断。做整机复位处理后，故障现象依旧。在偶然中关闭光端机电源，本交换机内部通信即恢复正常。从现象来看，此故障应是交换机时钟电路所引起的。JSY2000-03 型交换机设有两种时钟电路：一种是装在主控板上的由 MT9057 构成的时钟电路，其时钟基准取自数字中继电路的 4M8K 信号；另一种是由一个 20Mbit/s 晶振电路产生的 4Mbit/s 时钟的机内时钟源。通常，端局工作在从钟状态下（由主控板上的 S 或 M 跳针选择主从钟工作方式），即本机锁相环电路锁定取

自 2Mbit/s 接口电路中的时钟信号与上级局时钟同步。当外部时钟断开时，能自动切换到本机晶振时钟继续工作。由于没有测试仪器，因此只能根据现象对故障进行分析判断。引发故障的原因有两种：一是光缆线路某接头部分接触不良，衰耗大、滑码，从而造成系统瞬间捕捉不到上级时钟（时钟未同步），又由于线路未真正中断，因而反复进行捕捉，此时本机时钟又不工作，导致整机瘫痪，通信中断；二是本机时钟电路压控范围调整电阻的阻值或其元器件的参数值发生变化，导致时钟电路一直处于快捕状态无法与上级局同步，而本机时钟不工作，造成全机瘫痪，通信中断。

（2）故障处理：1）若无备用板子，可先将主控板上的时钟跳针置于主针（M）工作方式，利用本机时钟让系统运行起来，从而达到依复通信的目的（此法在联网通信中最好只作为应急用）；2）更换主控板。

2. 故障实例 2：JSY2000 数字程控交换机所有的用户摘机、拨号、听回铃音的过程均正常，但是任一用户在作为本局或外局的被叫时却收不到铃流信号，通信中断。

故障的分析与处理：观察交换机面板，发现右侧"二次电源板"上的铃流输出指示灯 RG 已熄灭。做整机复位，只能短时间恢复，更换"二次电源板"后，故障才彻底消失。最后，经分析查找，故障原因为"二次电源板"上的铃流芯片已被损坏。

3. 故障实例 3：数字中继电路只能单向呼出或呼入，但内部通信正常。

故障的分析与处理：引起此类故障的原因有多种，常见的有：出中继或入中继数据丢失，重新写入（或发送）即可依复正常；本机电源或信道一时中断，使得上级局自动闭锁了至本局的中继电路（上级局为 HJD04D 交换机），此时请上级局做中继板复位即可依复通信。

4. 故障实例 4：本局用户经数字中继电路拨打上级局用户号码"6XXXX"时，经常会固定错号至"2122（'2'为专网出局字冠，'122'为公网交通报警台)"。在"自检—信号测试"菜单中追踪观察多频互控信号时发现，MFy 收号显示即为"2122"。

故障的分析与处理：经测试检查，只有模块 1 的用户拨号时才会出现错号现象。分析后认为是本模块主控板收号电路问题，经检查确为主控板 8870 芯片出现了故障。用户拨号的大致过程是：拨号脉冲（模拟信号）——主控板 3067 芯片 17/18 脚输入（进行模数转换）——8 脚输出（数字信号）——8980 芯片（交换网络处理）——3057 芯片（数模转换）——8870 芯片（译码器）——通过数据/地址总线——PCM 中继板。8870 芯片共有 8 个，在拨号过程中被顺序占用，由于其中有个别芯片损坏，因此造成用户拨号时出现错号现象。更换主控板后，故障消失。

5. 故障实例 5：本局具有 5 级权限的用户按设置只允许拨打公话本地网，但在实际使用中，具有 5 级权限的用户除能拨打本地公网电话外还能拨打国内长途（能够拨打国内长途的用户权限为 6 级）。

故障的分析与处理：检查系统数据，发现在"拨 2 出中继局号"中的"出局后限拨号"仅设置为限拨"0"，正确设置应为"20"。修改后，恢复正常。

6. 故障实例 6：外局用户经环路中继电路（共 16 路中继板）拨打本局话务台，拨号完毕后均听忙音（正常时应为电脑话务员提示音）；环路中继板某路继电器处于常吸状态；模块 1 的所有用户作为主叫时呼出正常，但作为被叫时部分用户仅能听到一声铃响，摘机后双方能够正常通话，部分用户无铃响，也能正常通话。

故障的分析与处理：首先检查交换机数据（正常），在底板-R 复接端测得交流 75V 电压，这表明铃流输出完全正常。接着观察环路中继板，除某个继电器常吸以外，指示灯正常，证明板中 GAL（程序芯片）、V2、V17 好（此 3 个芯片为 16 路中继电路共用），由此排除了环路中继板公共部分的故障。后经测试检查发现，第 5 条环路中继的 3067 芯片（译码器/二四线转换）和 125

芯片（链路时钟驱动器）有雷击痕迹。由于 16 条中继电路中的 3067 芯片为复连，因此影响到整个中继电路不能使用。将该中继电路的 3067 芯片断开后，其他电路恢复正常，但是用户依然无振铃音。

经过进一步的检查分析，发现问题出在用户板的 125 芯片上。此故障为雷击引起的连锁反应，即当第 5 条环路中继占用通话时遭受雷击，强电流将该电路接口端的 3067 芯片击穿，由于 3067 芯片的 8、11、12 脚与 125 芯片的 3、4、5、6 脚相连，从而导致环路中继板的 125 芯片被毁坏，又由于模块 1 所属的 7 块用户板与环路中继板上装的 125 芯片的 7、8 脚均为接地端并全部复接，因此用户板上的 125 芯片亦被损坏（用户板 125 芯片主要用于驱动地址总线和读取信号）。更换第 5 条环路中继电路上的 3067 和 125 芯片，并逐一更换模块 1 用户电路板上的 125 芯片后，通信恢复正常。

另外，还应定期测试检查接地防护设施和配线架过压过流保安装置，以避免雷击或其他强电流介入，给设备及人员带来的危害。

四、ISDX 程控交换机机格电源故障处理及分析

1. 故障现象

交换机紧急告警（URGENT ALRAM）灯亮、话务台告警指示频繁；09 机格所有用户群接口电路板 LED 指示灯熄灭，只有 3 块数字中继接口板 LED 指示灯随机格电源继电器通断微亮频闪；机格电源继电器有较大的"吸合、释放"的醚随声，-50V 输出指示灯正常，其它（+5V、+12V）输出指示灯熄灭，个别输出指示灯微亮频闪；终端故障列表显示 03U（0901、0902）紧急告警，09 机格电话用户申告电话不通。

2. 值班人员初始处理

（1）列故障表 LETA，显示 03U（0901、0902）紧急告警，根据维护手册判断为 09 机格架间接口板故障。

(2) 更换架间接口板，故障依旧。

(3) 发现09机格电源故障，取下输出保险丝，用数字万用表测量电源输出情况，发现-50V有输出，15V、112V无输出。

(4) 查找故障机格重要电话电路，进行信道更换处理。

3. 抢修处理

(1) 半拔出09机格所有电路接口板。

(2) 同时断开09机格线路电源输入/输出熔断器，电源中的继电器醚随声停止。

(3) 带电更换电源。考虑到关闭整个机柜电源会影响到其他正常用户的通信，若出现其他意外，可能还会影响到第二天的正常通信。因此在操作允许的情况下，采取了带电更换电源，先按序分别卸掉输出电源线（卸一个上一个）；然后按保护地、电源地、-50V次序卸掉电源输入线（注意此时一定不要碰极）。更换完毕后，空载测量新电源，使其电压输出在正常范围内。

(4) 上电所有电路接口板。理想情况下，09机格应恢复正常，故障告警消失，但实际中03U故障仍然存在。

(5) 09机格供电恢复正常，清除故障列表，主机出现切换，中继接口板LED指示灯间断闪亮，机格电话不通，LETA显示03U（0901、0902）架间接口板故障，这说明09机格存在电路板故障。

(6) 更换架间接口板，用一块正常的架间接口板替换09机格架间接口板并且更换架间接口板"帽子"短接线，但更换后故障依旧，说明架间接口板正常，问题出在其他电路板。由于用户电路接口板有高压（-50V）存在，因此初步断定用户电路接口板有问题，从而引起架间接口板工作异常。

(7) 拔出09机格其他电路板，03U告警消失。逐一插入其他电路板：插入编译码板、数字中继板时正常；当插入一用户接口板时，又出现03U告警，且中继接口板LED灯开始间断闪亮。这种现象说明此用户接口板有问题。后经证实，另外4块用户接口板确实存在问题，共有5块用户电路接口板因电源故障而损坏。故障定位处理基本结束。

（8）查找与恢复重要部门电话电路。由于09机格有近百部电话，其中有几十部重要电话需要及时恢复，最后利用一块备板和4块非重要用户机格用户电路板恢复了重要电话。

4．故障处理总结

从上述"抢修处理"过程可以非常清楚地了解整个故障处理的思路。故障处理过程中尽可能避开已知或未知的其他意外（如关掉整个机柜电源再进行故障处理，因为这样一方面会影响到正常机格的电话通信，另一方面故障处理后再加电时，整个机柜能否正常启动还是未知）。故障处理要综合分析判断，要在一定的理论指导下做出符合逻辑的推理。对于本次故障，根据故障列表，应迅速查看相关机格的"声、光、电"现象：

声——是否有异常声响，若有，声响从哪里发出？

光——各种告警灯、接口板、LED指示灯是否正常亮或不亮？

电——电源是否有输出或是否正常？

这次电源故障，伴有明显的电源继电器通断声，根据异常声响位置即可迅速找到故障点，也可以通过机格大多数电路板LED灯熄灭，直接查看电源工作情况来判断。

这次机格电源故障并没有完全切断对机格的馈电，仍有-50V输出到用户接口板，且有部分脉动直流作用于电路板（这种脉动直流用数字万用表捕捉不到，可用机械指针式万用表测量到），导致几块用户电路接口板损坏。

本次故障既然为机格电源故障，那就可以肯定，该机格电话通信已中断，不存在拔板子影响通信的问题。为了保护设备板安全，应及时半退出所有电路板，同时卸下故障电源输入/输出熔断器，使故障电源与电路板完全隔离，使故障面、故障损失减少到最小。

这次电源故障，交换机收集到的告警为"03U架间接口板故障"。从这一点可以说明，交换机的告警信息只是故障查找的依据,并不一定是故障的根源,不能完全相信告警打印或被告警打印所迷惑。更确切的故障定位,还需要专业的维护人员来查找,根据现象,进行综合的推理、判断,找到故障的本质,并采取果断的处理措施。

  关于机格电源恢复正常供电后,仍出现 03U 告警的问题,可以这样分析:要么是架间接口板有问题,要么是机格内其他电路板有问题。这可以用"逐一排除法"来定位故障板。利用这一方法,后来证实有 5 块用户电路板出现故障,而非架间接口板故障。这 5 块用户电路接口板可能由于局部元器件击穿或其他原因,导致与之共用电源的架间接口板被"短路"掉了部分馈电,引起架间接口板不能正常工作;或者是故障的用户电路接口板引起架间接口板数据总线与主机的通信受阻,从而在该机格电源恢复后,仍出现 03U 告警的现象。

第二章 电梯工程质量通病防治

电梯竖井的施工，电梯厢体的施工，电梯电气装置的施工，是质量通病防治的重要环节。因为电梯是关键设备，必须通过严格的竣工检查和验收，在日常运行中，应及时对故障进行及时的检查和排除，从而确保电梯系统正常运行和使用，并保证设备和人身的安全。

第一节 电梯竖井的施工

一、导轨支架及导轨安装

电梯运行的轻快、平稳及噪声大小程度都与导轨的加工精度、安装质量有着直接的关系，为此，在电梯安装过程中，导轨安装这一环是十分重要的。

1. 确定导轨支架的安装位置

导轨支架的位置，支架之间的距离，支架与底坑、顶层楼板的距离等，均应按图纸要求确定。当图纸上没有明确的规定时，可按下述规定确定；最下一排导轨支架安装在底坑装饰地面上方 1000mm 的相应位置，以上每隔 2000～2500mm 设一个支架，最上一排导轨支架安装在井道顶板下面不大于 500mm 的相应位置。

在确定导轨支架位置的同时，计算支架距离还要和每根导轨长度核对，最好每根导轨用两个支架支持。此外，还要考虑连接板与导轨支架不能相碰。错开的净距离以不小于 30mm 为宜。

2. 安装导轨支架

导轨支架有扁钢和角钢两种。导轨支架的安装方法因设计要求和具体情况的不同可选择下述方法之一。

(1) 电梯井壁有预埋铁件：

清除预埋铁件表面上的杂物。按安装导轨支架的基准垂线核查预埋铁件的位置，若达不到要求时，可在预埋铁件上补焊铁板。

复核由样板上放下来的基准线，逐个测量每个导轨支架距离墙的高度，并按顺序编号进行加工。根据导轨支架中心线及其平面辅助线确定导轨支架位置，进行找平、找正。然后进行焊接。焊接导轨支架时，应双面焊牢，焊缝饱满，焊缝高度大于4mm，焊缝应连接。

(2) 用膨胀螺栓固定导轨支架：

混凝土电梯井壁结构没有预埋铁件时，一般使用膨胀螺栓直接固定导轨支架。

膨胀螺栓位置应准确，并应垂直于墙面，深度一般以膨胀螺栓固定后，其护套外端面与墙表面垂直为准。

导轨支架与墙面间隙应不大于1mm，如果墙面垂直有误差，应进行局部修整。

将导轨支架编号加工，然后将其就位，并找平、找正。最后将膨胀螺栓紧固。

(3) 用穿钉螺栓固定导轨支架：

如果电梯井壁较薄，不宜使用膨胀螺栓固定导轨支架且井道内没有预埋铁件时，可采用井壁打透孔，用穿钉固定铁板，将导轨支架焊接在铁板上。为增加强度，应在穿钉处加垫铁。

以上步骤和方法与有预埋铁件的情况相同。

(4) 用混凝土筑导轨支架：

电梯井壁是砖结构时，可采用剔导轨支架孔洞，用混凝土筑导轨支架的方法。

导轨支架孔洞应开成里大外小，且深度应不小于130mm。

将导轨支架编号加工，并注意将端部加工成"Y"字形。见

图 2-1。

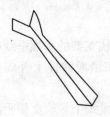 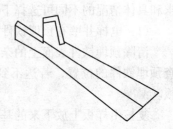

图 2-1 "Y"字形导轨支架

将支架孔洞清理干净,将导轨支架放入孔洞内,用混凝土将孔洞填实,并将支架找平找正,其深度不应小于 120mm。

导轨支架安装完毕后,常温应经 6~7d 的养护后才能安装导轨。

3. 安装导轨

(1) 导轨一般都采用"T"形电梯导轨。

(2) 校对从样本放下来的导轨支架线,确认无移动后,再调整导轨中心线,在井道顶层楼板下挂一滑轮并固定牢靠。在顶层厅门口安装并固定一台卷扬机用以吊装导轨。

(3) 在底坑架设导轨槽钢基础座,找平垫实,其水平误差不大于 1/1000。用槽钢基础的两端来固定导轨的角钢架。

(4) 用滑轮调所辖段的双钩钩住导轨连接板,从底坑箱上组立。边边找平,凸口端朝上排列,临时固定支架上。对高度大于 50m 的井道,一般每隔六七根导轨,在接口处暂留 2~3mm 间隙,以做导轨校正时的间隙延长之用。

(5) 两条导轨组立好后,用找道尺检查,找正导轨。其中包括:扭曲调整,导轨垂直度和中心位置调整,间距调整。三者必须同时满足。

(6) 修光导轨接头处的工作面,修光长度要大于 300mm,避免运行时发出响声。

(7) 如发现导轨有弯曲现象,要用手工调直方法进行冷调直。导轨安装完毕后，应对每根导轨进行垂直度测量。导轨垂直度要求是每根 5mm，50m 以上的累计偏差可放宽值小于 10mm。

二、导轨组装施工的质量要求

1. 导轨材料，设备要求

（1）导轨种类

根据导轨的截面形状，电梯导轨可分为四种，见图 2-2。电

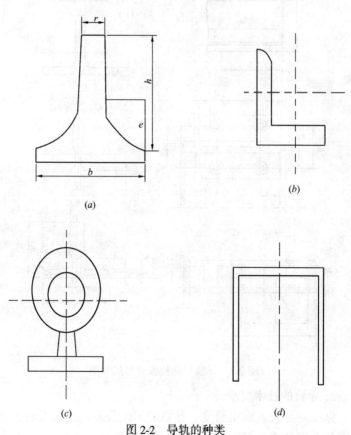

图 2-2　导轨的种类

（a）人形；（b）L形；（c）Ω形；（d）Π形

梯中大量使用的T形导轨用普通碳素钢Q235F钢轨制。它具有良好的抗弯曲性能及良好的加工性能。图2-2中的(b)、(c)、(d)、三种,工作表面一般不加工(用型材的夹持面),通常用于低速、对运行平稳性要求不高的电梯,如杂物电梯、建筑施工外用电梯等。

(2) 导轨与连接板的外形尺寸

导轨与连接板的外形尺寸,见图2-3。

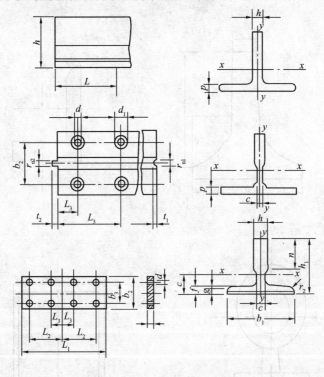

图2-3 导轨与连接板外形尺寸图

2. 导轨的技术要求

标准对导轨表面粗糙度、导轨的形位公差,连接板的表面粗糙度和形位公差,都提出了具体的要求。

(1) 导轨表面粗糙度 R_a

1) 导向面。导向面及顶面：$3.2\mu m \leqslant R_a \leqslant 6.3\mu m$。

2) 横端面。机械加工导轨和冷轧加工导轨均为：$3.2\mu m \leqslant R_a \leqslant 6.3\mu m$。

3) 榫和榫槽、侧面及顶（底）面：$R_a = 12.5\mu m$。

4) 导轨底部加工面：$R_a = 6.3\mu m$。

(2) 导轨的形位公差

1) 直线度（见图2-4）

2) 图例与符号：

① A 为基准点与测量点之间的最短距离；

② B 为基准点和基础面之间的最大距离；

③ a 为检验导轨的最短长度。

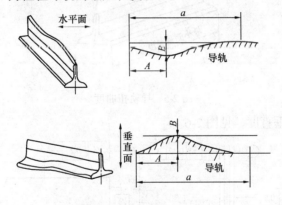

图2-4 导轨的直线度

3) 导轨 B/A 比值，见表2-1。

导轨 B/A 的比值 (mm)　　　　表2-1

导轨型号		比值
冷轧加工	45×45	0.0016
	50×50	0.0016
	其他	0.0014
机械加工		0.0010

4) 扭曲度。见图2-5，扭曲度(γ)应不大于表2-2的规定。

扭曲度　　　　　　　表2-2

导轨型号		γ
冷轧加工	45×45	50′/m
	50×50	50′/m
	其他	40′/m
机械加工		30′/m

5) 平面度，见图2-6，导轨导向二侧面的平面度应小于或等于0.5mm。

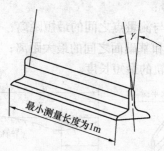

图2-5　导轨扭曲度

6) 垂直度，见图2-6。

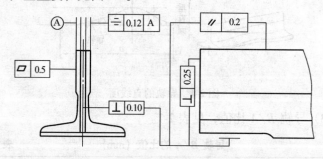

图2-6　导轨的各部分形位公差

①导轨端面对底部连接板安置面的垂直度应小于或等于0.25mm；

②导轨中心线对底部连接板安置面的垂直度应小于或等于0.10mm。

7）平行度，见图2-6。

导轨顶面对底部连接板安置面的平行度应小于或等于0.2mm。

8）对称度，见图2-6。

榫和榫槽中心线对导轨中心线的对称度应小于或等于0.12mm。

(3) 连接板的表面粗糙度和形位公差

1）表面粗糙度 R_a。

连接板加工面：$R_a = 12.5\mu m$。

2）平面度见图2-7。连接板与导轨连接平面的平面度应小于或等于0.2mm。

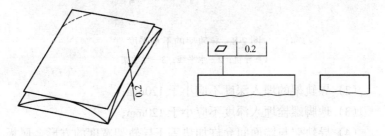

图2-7 导轨的平面度

(4) 导轨支架

导轨支架用型钢制作，根据不同的安装方式制作相应的支架形式。支架焊接通常采用手工电弧焊，要求见表2-3。

手工电弧焊焊缝加强面高度和宽度　　　　表2-3

	厚　度（mm）	2~3	4~6
无坡口	焊缝加强面高度 h（mm）	1~1.5	1.5~2
	焊缝宽度 b（mm）	5~6	7~9
	厚　度（mm）	4~6	7~9
有坡口	焊缝加强面高度 h（mm）	1.5~2	2
	焊缝宽度 b（mm）	盖过每边坡口约2mm	

三、导轨施工工艺要求

1. 安装导轨架应符合下列要求：

(1) 导轨架不水平度 a（见图 2-8）不应超过 5mm；

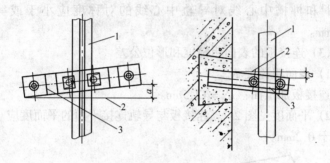

图 2-8 导轨架的不水平度
1—导轨；2—水平线；3—导轨架

(2) 导轨架的埋入深度不应小于 120mm；

(3) 地脚螺栓埋入深度不应小于 120mm；

(4) 导轨架与墙面间允许加垫等于导轨架宽度的方形金属板调整高度，垫板厚度超过 10mm 时，应与导轨架焊接；

(5) 焊接导轨架时，应双面焊牢。

2. 安装导轨与调整

(1) 导轨安装

1) 底坑架设导轨槽钢基础座，必须找平垫实，其水平误差不大于 1/1000。

2) 检查导轨的直线度应不大于 1/6000，且单根导轨全长偏差不大于 0.7mm，导轨端部的榫头，连接部位加工面的油污毛刺，尘渣等均应清除干净后，才能进行导轨连接，以保证安装精度的要求。

(2) 导轨调整

1) 用钢板尺检查导轨端面与基准线的间距和中心距离，如不符合要求,应调整导轨前后距离和中心距离,然后再用找道尺进行仔细找正。

2) 用找道尺检查:

①扭曲调整:将找道尺端平,并使两指针尾部侧面和导轨侧工作面贴平、贴严,两端指针尖端指在同一水平线上,说明无扭曲现象。如贴不严或指针偏离相对水平线,说明有扭曲现象,则用专用垫片调整导轨支架与导轨之间的间隙(垫片不允许超过三片),使之符合要求。为了保证测量精度,用上述方法调整以后,将找道尺反向180°,用同一方法再进行测量调整,直至符合要求。见图2-9。

②调整导轨垂直度和中心位置:调整导轨位置,使其端面中心与基准线相对,并保持规定间隙。

3) 轨距及两根导轨的平行度检查:两根导轨全部校直好后,自下而上或者自上而下,采用图2-10所示的检查工具进行检查。T形导轨的两导轨内表面距离 L(图2-10)的偏差在整个高度上均应符合表2-4。

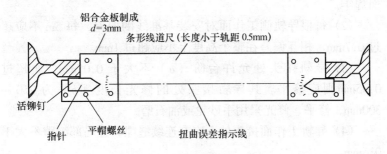

图2-9 扭曲调整用找道尺

两道轨距离偏差 表2-4

导轨用途	轿厢导轨	对重导轨
偏差不超过(mm)	+2 0	+3 0

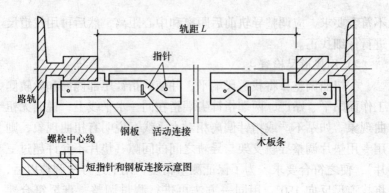

图 2-10 导轨测距卡板

四、导轨的检查

1. 导轨安装巡查内容

(1) 每根导轨至少应有两个支架,其间距不大于 2.5m;导轨支架水平度偏差不大于 5mm;导轨支架或地脚螺栓的埋入深度不应小于 120mm。如采用焊接支架,其焊缝应是连续的,并应双面焊牢。

(2) 每根导轨侧工作面对安装基准线的偏差,每 5m 不应超过 0.7mm,相互偏差在整个高度上不应超过 1mm。

(3) 导轨接头处允许台阶(a)不大于 0.05mm;如超过 0.05mm 则应修平。其导轨接头处的修光长度(b)为 250~300mm,修平、修光采用手砂轮或油石磨。

(4) 导轨工作面接头处不应有连续缝隙,且局部缝隙不大于 0.5mm。

(5) 导轨应用压板固定在导轨支架上,不应采用焊接或螺栓连接。支架要除锈、涂漆、切口平整。严禁在支架上割洞,支架尺寸要符合施工图要求。焊缝外观质量应使焊波均匀,明显的焊渣和飞溅物应清除干净。

(6) 两根轿厢导轨接头不应在同一水平面上,并且两根轿厢导轨下端距底坑地平面应有 60~80mm 悬空。

(7) 轿厢两列导轨顶面间的距离偏差应为 0～+2mm；对重导轨两列导轨面间的距离偏差应为 0～+3mm。

(8) 导轨支架在井道壁上的安装应牢固可靠。导轨支架的数量与预埋件的设置应符合土建布置图要求。锚栓（如膨胀螺栓）应固定在井道壁的混凝土构件上，其连接强度与承受振动的能力应满足电梯产品设计要求。必要时其连接强度与承受振动能力可用拔出试验进行检验。

(9) 调整导轨时，为了保证调整精度，要在导轨支架处及相邻的两导轨支架中间的导轨处设置测量点。

2．对重安装巡查内容

(1) 固定式导靴安装时，要保证内衬与导轨端面间隙上、下一致，若达不到要求要用垫片进行调整。

(2) 在安装弹簧式导靴前，应将导靴调整螺母紧到最大限度，使导靴和导靴架之间没有间隙，这样便于安装。

(3) 滚轮式导靴安装要平整，两侧滚轮对导轨压紧后两滚轮压缩量应相等，压缩尺寸应按制造厂规定。

(4) 对重砣块的安装及固定：

1) 装入相应数量的对重砣块。对重砣块数量应根据下式求出：

$$装入的对重砣块数 = \frac{(轿厢自重 + 额定荷重) \times 0.5 - 对重架重}{每个砣块的重量}$$

2) 按厂家设计要求装上对重砣块防振装置。

3．轿厢安装巡查内容

(1) 安装立柱时应注意是否垂直，达不到要求时，要在上、下梁和立柱间加垫片。

(2) 轿厢底盘调整水平后，轿厢底盘与底盘座之间，底盘座与下梁之间的各连接处都要接触严密，若有缝隙要用垫片垫实，不可使斜拉杆过分受力。

(3) 斜拉杆一定要上双螺母拧紧，轿厢各连接螺栓必须紧固、垫圈齐全。

(4) 吊轿厢用的吊索钢丝绳与钢丝绳轧头的规格必须互相匹配。

五、导轨的质量验收

1. 主控项目验收

导轨安装位置必须符合土建布置图要求。

监理方法：现场观察检查。

2. 一般项目验收

(1) 两列导轨顶面间的距离偏差应为：轿厢导轨 0～+3mm。

监理方法：在两列导轨内表面，用导轨检验尺、塞尺检查。

(2) 导轨支架在井道壁上的安装应固定可靠。预埋件应符合土建布置图要求。锚栓（如膨胀螺栓等）固定应在井道壁的混凝土构件上使用，其连接强度与承受振动的能力应满足电梯产品设计要求，混凝土构件的压缩强度应符合土建布置图要求。

监理方法：检查井道混凝土构件混凝土试块检验报告；现场观察检查预埋件和锚栓的埋置位置和连接强度情况，必要时进行现场锚栓抗拔强度试验确定连接强度。

(3) 每列导轨工作面（包括侧面与顶面）与安装基准线每5m 的偏差均不应大于下列数值：

轿厢导轨和设有安全钳的对重（平衡重）导轨为 0.6mm；不设安全钳的对重（平衡重）导轨为 1.0mm。

监理方法：现场观察检查和用吊线、塞尺检查。

(4) 轿厢导轨和设有安全钳的对重（平衡重）导轨工作面接头处不应有连续缝隙，导轨接头处台阶不应大于 0.05mm。如超过应修平，修平长度应大于 150mm。

监理方法：现场观察检查和用钢板尺、塞尺检查。

(5) 不设安全钳的对重（平衡重）导轨接头处缝隙不应大于 1.0mm，导轨工作面接头处台阶不应大于 0.15mm。

监理方法：现场观察检查和用钢板尺、塞尺检查。

3. 井道作业安全操作事项

（1）施工人员进入井道作业必须戴安全帽，登高操作应系安全带；工具应放入工具袋内，大的工具应用保险绳扎牢，妥善放置。

（2）搭设脚手架必须做到：

1）在搭设之前委托单位应向搭建单位详细说明安全技术要求，搭建完工后，必须进行验收，不符合安全规定的脚手架严禁施工。

2）脚手架如果需要增设跳板，必须用18号以上的钢丝将跳板两端与脚手架捆扎牢固。木板厚度应在50mm以上，严禁使用劣质强度不符合要求的木材。

3）在施工过程中应经常检查脚手架的使用状况，发现有不安全的隐患，应立即停止施工采取有效措施。

4）脚手架的承载荷重应大于250kg/mm，脚手架上下不准堆放工件或杂物，以防物体坠楼伤人。

5）拆除脚手架时，必须由上向下进行。如果需要拆除部分脚手架，待拆除后，对保留的部分脚手架，必须加固，确认安全方可再施工。

（3）在井道施工时所用的照明行灯应具有足够的亮度，其电压必须采用36V的低电压。

（4）安装导轨及轿厢架等部件，因劳动强度大，必须合理组织安排人力，且做好安全防护措施，由专人负责统一指挥。

（5）进入地坑施工时，轿厢内应有专人看管，并切断轿厢电源，轿门和层门应开启。

（6）在轿顶进行维修、保养、调试时必须做到：

1）轿厢内应有检修人员或具有熟练操作技能的电梯驾驶员配合，并听从轿顶上检修人员的指挥；检修人员应集中思想，密切注意周围环境的变化，下达正确的口令；当驾驶人员离开轿厢时，必须切断电源，关闭轿门、层门，并悬挂"有人工作、禁止使用"的警告牌。

2) 轿顶设置检修操纵箱的应尽量使用，轿厢内人员必须集中思想，注意配合；无轿顶检修操纵箱的应使用检修开关，使电梯处于检修状态。

3) 电梯在将达到最高层站台前，要注意观察，随时准备采取紧急措施；当导轨加油时应在最高层站的前半层处停车；多部并列的电梯施工时，必须注意左右电梯轿厢上下运行情况，严禁将人体手、脚伸至正在运行的电梯井道内。

(7) 施工人员在安装、维修机械设备或金属结构部件时，必须严格遵守机械加工的安全操作规程。

第二节 电梯厢体的施工

一、轿厢组装

轿厢可在电梯井道最高楼层处安装。可利用井道壁打孔或用膨胀螺栓固定的方法，在顶层的井道内搁上两根轿厢组装用的承重梁（可用槽钢或方木制作）校正两根承重梁，使之水平和平行。

将轿厢底盘放在承重梁上，调整其水平度使之小于 2/1000。调整安全钳座与导轨轨道的断面和侧面的间隙，使左右导靴间隙、压紧弹簧松紧一致。

竖立轿厢两侧立柱，调整其垂直度，然后用螺栓与下梁、底盘连接。

安装上梁时，应由导靴板与导轨的侧面间隙来确定上梁的安装位置，安装并将其固定。

在立柱上装好所有限位开关、极限开关等的碰铁。

用拉绳把轿厢顶悬挂在轿厢上梁下面，顺序安装单扇轿壁，并用螺丝与轿顶、轿底盘固定。

安装扶手、照明灯、操纵箱、装饰吊顶、整容镜等。

安装安全钳、导靴：

把安全钳楔块放入安全钳座内,将拉杆与上梁拉杆传动机构连接,并使两侧拉杆提升度对称。安全嘴底面与导轨正工作面的间隙为 3.5mm,楔块与导轨两侧工作面的间隙为 2~3mm,绳头拉手的提拉力应为 147~294.2N,且动作灵活可靠。

装上轿厢上的四个导靴,使两边的导靴垂直,调整导靴的调整螺丝,使两边上下四个导靴中的尺寸符合规定。

装好底盘与立柱的斜拉条,调整斜拉条使导靴与导轨吻合良好,并使安全钳与导轨侧面间隙一致。

二、材料（设备）要求

1. 轿厢组件

轿厢组件均应按装箱单完好地装入箱内。设备开箱时应仔细地根据装箱单,进行设备到货的数量和型号、规格的验收。

轿厢、轿厢门等可见部分的油漆应涂得均匀、细致、光亮、平整,不应有漏涂、错涂等缺陷。指示信号应明亮,标志要清晰,对可见部件表面装饰层须平整、光洁、色泽协调、美观,不得有划痕、凹穴等伤痕出现。薄膜保护层应完好,产品标牌应设置在轿厢内明显位置。标牌上应标明：产品名称、型号、主要性能、数据、厂名、商标、质量等级标志、制造日期。

施工前还应根据设计图纸、产品说明书检查轿厢立柱、横梁、轿面壁板等的几何尺寸和变形情况,检查自动开门机等运动机构是否灵活、完好。

（1）轿厢结构。

轿厢由轿厢架、轿底、轿顶、围扇（轿壁）和轿厢门组成,见图 2-11。

轿厢架由底梁、上梁和立柱几部分组成。底梁、上梁多采用槽钢制成。立柱多采用角钢制成,是承重、提升轿厢的主要结构。

自动门的开关由开关门电机驱动。为了使开关门平稳,行程均匀、灵活,一般多采用小功率的直流电机（100~120W）或专

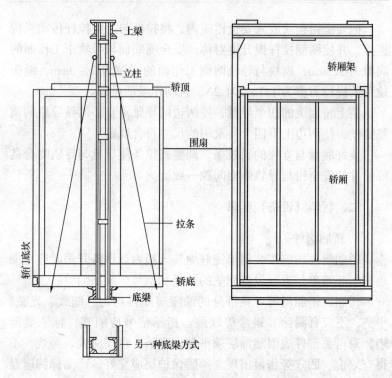

图 2-11 电梯轿厢和轿厢架

用开门电机。并按开门方式(中分开门或旁侧开门)配备一套开关门机构。开关门电机以三角皮带带动开关门机构,构成二级变速传动;两扇门中间设安全触板,门扇上设开门刀,如图 2-12 所示。

(2) 轿厢技术要求。

1) 轿厢内部净高度至少为 2m。

2) 轿厢有效面积应符合表 2-5 的规定。

对于中间载重量,可用线性插入法求其相应的面积。

3) 轿厢门、轿厢壁、轿厢顶和轿厢底应具有同样的机械强度,即当施加一个 300N 的力,从轿厢内向外垂直作用于轿壁的任何位置,并使该力均匀分布在面积为 $5cm^2$ 的圆形或方形截面

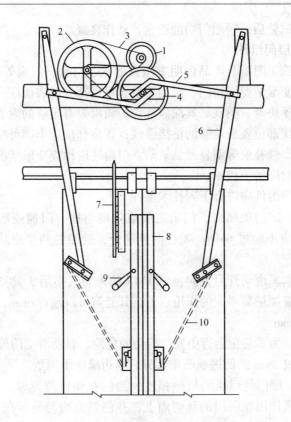

图 2-12 开关门机构及安全触板
1—开关门电机;2—二级传动轮;3—三角皮带;4—驱动轮;5—杆;6—开门杠杆;7—开门刀;8—安全触板;9—触板活动轴;10—触板拉链

上时,轿厢壁能够:

轿厢最大有效面积 表 2-5

额定载重量(kg)	400	630	800	1000	1250	1600
轿厢最大有效面积(m^2)	1.17	1.66	2.00	2.40	2.90	3.56

①承受住而没有永久变形;
②承受住而没有大于 15mm 的弹性变形;

③试验后,轿厢门功能正常,动作良好。
2. 层门组件

按施工图纸与产品说明书检查地坎、门套、门扇等的尺寸、数量及变形情况。轿门、层门等乘客可见部分的表面应平整、光洁、色泽协调、美观。其涂漆部位,漆层要有足够的附着力和弹性;粘接部位要有足够的粘接强度;铆接部位应牢固可靠,不应有划痕、修补痕等明显可见缺陷。门扇还应检查变形情况,如有轻度扭曲应给予校正。

层门组件应符合下列技术条件

(1) 层门关闭时,门扇之间或门扇与柱、门楣或地坎之间的缝隙应不超过 6mm,如有凹进部分,缝隙的测量应从凹底算起。

在水平滑动开启方向,以 150N 的人力(不用工具)施加在一个使缝隙最易增大的作用点上,其缝隙可以超过 6mm,但不得超过 30mm。

(2) 为了避免运行中发生剪切的危险,自动滑动门外表面不应有超过 3mm 的凹进或凸出部分,其边缘应予倒角。

(3) 层门与门锁的机械强度:当门在锁住位置时,用 300N 的力垂直作用在层门的任何面上,并使该力均匀分布在 $5cm^2$ 的面积上时,层门应满足下列要求:

1) 无永久变形;

2) 弹性变形不大于 15mm;

3) 试验后,功能正常,动作良好。

3. 导靴

导靴有滚轮导靴、弹性滑动导靴和刚性滑动导靴三种。

(1) 弹性滑动导靴

弹性滑动导靴的构造如图 2-13 (a),这种导靴多用于速度在 1.75m/s 以下的电梯。

(2) 刚性滑动导靴

刚性滑动导靴构造简单,其本体是铸铁制成,经刨削加工成

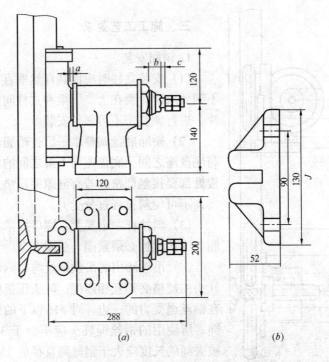

图 2-13 电梯滑动导靴
(a) 弹性滑动导靴；(b) 刚性滑动导靴

光滑接触面，如图 2-13 (b) 所示。在其接触面上涂敷干黄油以增加导靴间的润滑能力。刚性滑动导靴用于低速和层数较少的杂物梯和对重架上。

(3) 滚轮导靴

为了减少导靴与导轨之间的摩擦阻力，节省动能，可以使用滚轮导靴。这种导靴广泛应用在高速电梯上（2m/s 以上）。滚轮导靴的构造如图 2-14 所示。

4．平层器

平层器是专管轿厢在各层停站时，与厅门（层门）地坎找平的装置。这种装置由装在轿厢上的干簧管感应器和装在井道每层导轨支架上的感应桥（感应铁板）组成，见图 2-15。

三、施工工艺要求

1. 轿厢安装

（1）安装立柱时应使其自然垂直，达不到要求时，要在上、下梁和立柱间加垫片。进行调整，不可强行安装。

（2）轿厢底盘调整水平后，轿厢底盘与底盘座之间，底盘座与下梁之间的各连接处都要接触严密，若有缝隙要用垫片垫实，不可使斜拉杆过分受力。

（3）斜拉杆一定要上双螺母拧紧，轿厢各连接螺栓必须紧固、垫圈齐全。

（4）吊轿厢用的吊索钢丝绳与钢丝绳轧头的规格必须互相匹配，轧头压板应装在钢丝绳受力的一边，对 $\phi 16$ 以下的钢丝绳，所使用的钢丝绳轧头应不少于 3 只，被夹绳的长度应大于钢丝绳直径的 15 倍，且最短长度不小于 300mm，每个轧头间的间距应大于钢丝绳直径的 6 倍。而且只准将两根相同规格的钢丝绳用轧头轧住，严禁 3 根或不同规格的钢丝绳用轧头轧在一起。

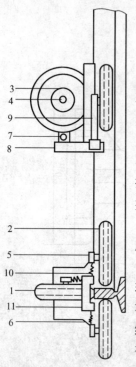

图 2-14　电梯的滚轮导靴

1、2—端轮及侧轮；3—滚动轴承；4—滚轮轴；5—螺母；6—弹簧；7—活动臂转轴；8—底板；9—活动臂；10—调节螺丝；11—螺柱

（5）在轿厢对重全部装好，并用曳引钢丝绳挂在曳引轮上，将要拆除上端站所架设的支承轿厢的横梁和对重的支撑之前，一定要先将限速器、限速器钢丝绳、张紧装置、安全钳拉杆，安全钳开关等装接完成，才能拆除支承横梁。这样做，万一出现电梯失控打滑现象时，安全钳起作用将轿厢轧住在导轨上，而不发生坠落的危险。

2. 厅门安装

（1）轿厢地坎与各层厅门地坎间距离的偏差均严禁超过

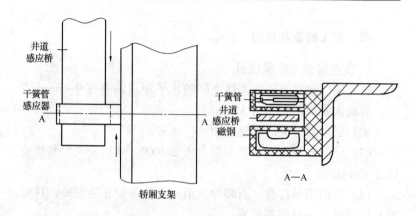

图 2-15 平层器（干簧管式）

±35mm。

（2）开门刀与各层厅门地坎及各层厅门开门装置的滚轮与轿厢地坎间的间隙均须在 5~10mm 范围以内，开门刀两侧与门锁滚轮间隙为 3mm。

（3）厅门上滑道外侧垂直面与地坎槽内侧垂直面的距离应符合图纸要求，在上滑道两端和中间三点吊线测量相对偏差均应不大于 ±1mm。上滑道与地坎的平行度误差应不大于 1mm，导轨本身的不铅垂度，应不大于 0.5mm。

（4）厅门扇垂直度偏差不大于 2mm，门缝下口扒开量不大于 10mm，门轮偏心轮对滑道间隙 c 不大于 0.5mm。

（5）厅门框架立柱的垂直误差和上滑道的水平度误差均不应超过 1/1000。

（6）厅门关好后，机锁应立即将门锁住，锁紧件啮合长度至少为 7mm，应由重力弹簧或永久磁铁来产生并保持锁紧动作，而不得由于该装置的功能失效，造成层门锁紧装置开启。厅门外不可将门扒开，可借助于紧急开锁的钥匙开启厅门，每一扇厅门必须认真检查。

（7）厅门门扇下端与地坎面的间隙为 6±2mm，门套与厅门的间距为 6±2mm。住宅梯间距为 5±2mm。

四、施工检查和检验

1. 重点检查及检验项目

(1) 层门地坎至轿厢地坎之间的水平距离偏差在 0~3mm 之内，且最大距离不得超过 35mm。

(2) 层门强迫关门装置必须动作正常。

(3) 层门地坎的水平度不得大于 2/1000，地坎应高出装修地面 2~5mm。

(4) 层门指示灯盒、召唤盒、消防开关等应安装正确，其面板与墙面贴实，且横平竖直。

(5) 固定钢门套时，要焊在门套的加强筋上，不可在门套上随意焊接。

(6) 所有焊接连接和膨胀螺栓固定的部件一定要牢固可靠。砖墙上不准用膨胀螺栓固定。

(7) 凡是需埋入混凝土中的部件，一定要经有关部门检查办理隐蔽工程验收手续后，才可浇筑混凝土。

(8) 当距轿底面在 1.1m 以下使用玻璃轿壁时，必须在距轿底面 0.9~1.1m 的高度安装扶手，且扶手必须独立地固定，不得与玻璃有关。

监理方法：现场观察检查。

(9) 动力操纵的水平滑动门在关门开始的 1/3 行程之后，组织关门的力严禁超过 150N。

监理方法：现场观察检查。

(10) 层门锁钩必须动作灵活，在证实锁紧的电气安全装置动作之前，锁紧元件的最小齿合长度为 7mm。

2. 一般项目检查

(1) 当轿厢有反绳轮时，反绳轮应设置防护装置和挡绳装置。

(2) 当轿厢顶外侧边缘至井道壁水平方向的自由距离大于 0.3m 时，轿顶应装设防护栏 & 警示性标识。

(3) 门刀与层门地坎、门锁滚轮与轿厢地坎间隙不应小于

5mm。

（4）层门地坎水平度不得大于2/1000，地坎应高出装修地面2~5mm。

（5）层门指示灯盒、召唤盒和消防开关应安装正确，其面板与墙面贴实，横竖端正。

（6）门扇与门扇、门扇与门套、门扇与门楣、门扇与门口处轿壁、门扇与地坎的间隙。乘客电梯不应大于6mm，载货电梯不应大于8mm。

第三节　电梯电气装置的施工

电气系统的安装是电梯重要部分，它包括电气设备、装置的布置，安装步骤、方法和保护接地等。

一、电气系统各装置的布置

根据电气接线图绘出机房、井道、轿厢的布线图，确定控制柜、选层器、线（槽）、限速器钢丝绳、选层器钢带、限速开关和安全保护开关等装置实地安装位置和尺寸。若设计有明确规定的，则应按设计图样施工；若设计未明确规定的，则应根据机房、井道、轿厢的具体实际情况布置，以安全、可靠、美观和不影响其他装置安装为原则，并便于巡视、操作和维修。

计算井道高度、随行电缆实际到货长度，以确定随行电缆的敷设方法。根据样板层门线、标高线，实地划出每一层的按扭盒、层楼指示灯盒的位置（两台以上并列电梯应注意每个按扭盒、指示灯盒的高度和到层门框距离一致）。

根据电梯行程画出上下限位和极限开关的安装位置，（标注在井壁上和导轨上）。

1．机房内电气平面位置

机房里电气安装有主电源开关、控制柜和屏、选层器、线槽等，各装置的安装应考虑布置合理。若无设计规定，可参见图2-

16。并符合下列要求:

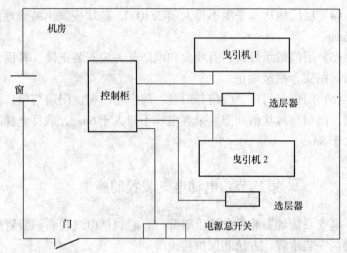

图 2-16 机房内电气平面位置

(1) 主电源开关的操作机构,应能从机房入口处方便迅速地接近。如几台电梯公用机构,应能从机房主电源开关的操作机构应易于识别。

(2) 屏、柜应尽量远离门或窗,与门、窗正面的距离不小于600mm,屏、柜的维护侧应与墙的距离不小于600mm,群控、集选电梯不小于700mm,屏、柜的封闭侧可不小于500mm。双面维护的屏、柜成排安装时,其宽度超过 5m,两端应留有出入通道,通道宽度不小于 600mm。屏、柜与机械设备的距离不小于500mm。

(3) 线槽布置合理美观,不得有交叉重叠现象;电源线不得和其他电源敷设于同一线槽中;线槽与可移动装置的距离不小于50mm。

2. 井道内电气平面布置

井道里电气装置有线槽、随行电缆、极限限速器钢丝绳、传感器、极限限位开关等。确定各装置的安装位置时,必须考虑电梯运行时各装置之间有足够的距离，可参照图 2-17。并符合下列要求：

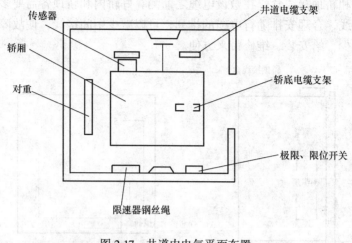

图 2-17 井道内电气平面布置

（1）井道线槽一般应安装在门外召唤按钮的一侧，并不会卡阻在运行中摆动的随行电缆。

（2）井道电缆支架可安装在线槽一侧，如果间距不够也可安装在线槽对面，但应避免与限速器钢丝绳、选层器钢带、限位及极限等开关、传感器等装置交叉。

（3）极限限位开关应放在图 2-17 中所示位置，与传感器不在同一侧。

井道内装置的布置应根据实际情况予以调整，但应是摆动的随行电缆单独在一侧。

3. 轿厢的电器布置

轿厢的各装置分布在轿底、轿内和轿顶，并在轿底和轿顶各设一支接线盒。随行电缆进入轿底接线盒后，分别用导线或电缆引至称重装置、操作屏和轿顶接线盒。再从轿顶接线盒引至轿顶各装置，如门电机、照明灯、传感器、安装开关等。图 2-18 为导线敷设示意图。从轿顶接线盒引出导线，必须采用线管或金属软管保护，并沿轿厢四周或轿顶加强筋敷设，应整齐美观，维修操作方便。如果随行电缆比较长，可以将电缆直接引至轿内操纵屏和轿顶接线盒。在敷设电缆之前测算好轿内和轿顶各需要多少根线，合理安排随行电缆的排列，可以减少中间接线，使故障点减少，给安装、维修带来方便。

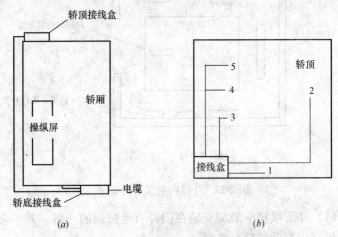

图 2-18 导线敷设示意图
（a）轿厢敷设；（b）轿厢顶上的导线敷设（1~5 为导线）

二、电气系统的安装

1. 机房内电气安装

根据机房内已画好的实际安装位置线，将开箱清点并检查无误后的盘柜等运至机房（有的已事先调入机房）平稳地安放在型钢基础或混凝土基础上，并用螺栓固定牢靠，不允许将盘、柜直接安放在地面上。盘柜等大件电气装置安装就位后，可进行线槽、电线管和金属软管的敷设。

具体要求如下：

（1）盘、柜与基础连接要紧密，无明显缝隙，多台排列的应保持平直不得有凸凹现象，柜体的垂直高度误差应小于 1.5/1000，水平误差应小于 1/1000，柜列的四周应留出大于 600mm

的安全通道。

(2) 小型励磁柜不允许直接安放在地面上或放在盘柜的顶上，必须安装在距地面高 1.2m 的专制支架上。

(3) 电梯应单独供电，电源总开关应安装在距地高度为 1.2～1.5m 的墙上，以便于应急处理。但总供电开关应由建筑电气设计予以考虑，但原设计遗漏或位置不正确时，可由用户提出修改。

(4) 机房、轿厢、井道内、底坑的照明及底坑检修插座应与电梯主电源开关分开设置控制，不可合用一个刀开关。

2. 箱、盒安装

楼层指示灯箱，厅外呼唤按钮箱在安装前应将内芯取出，另行妥善保管，先将箱盒壳体按统一的标高和至层门框的距离平稳埋入墙内，外口与墙面齐平，用水泥砂浆填实，待导线敷设完毕后再将内芯装上，盖好面板。注意避光照应遮光良好，不应有漏光、串光现象。如果是柱形按钮，应保证按柱伸缩自如。如果是触摸按钮，里面的微型继电器应待调试时线路检查完毕后再装上，以避免烧坏。

机房后井道中的分线盒、中间接线箱等是接线集中的枢纽，因此，要在分线盒中设接线端子板，以利维修工作。

中间接线箱安装位置，可视随行电缆的到货长度有 3 种固定方法：

(1) 在机房固定：在线槽从机房进入井道口处做一立式支架，其底边距地面高度大于 300mm，将中间接线箱牢固地装在支架上，然后将机房和井道中的线槽分别接至中间箱内。

(2) 在井道顶部安装。

(3) 在井道中间 $1/2 + 1.5m$ 处安装。

在后两种地点安装，均需用膨胀螺栓直接将中间接线箱固定在井壁上，定位应便于与总线检修和接线。金属或有 CPU 的盒子，接地必须与总线直接机械连接。随行软电缆支架应靠近中间接线箱安装和固定。

3. 线槽、电线管和金属软管敷设

敷设机房、井道内，轿厢上的线槽、电线管和金属软管安装可同时单独进行，也可从上至下顺序进行。

线槽、电线管和金属软管敷设方法一般采用明敷设方法，有条件的也可采取预先配合结构施工，暗敷电管。

在安装井道线槽时，先在线槽安装线的井道顶部打一膨胀螺栓，将一根线槽挂上，按顺序将其他线槽连接起来，直至井底。连接好的长条线槽，由于自重亦就自然直了，这时只要按线槽内底孔位置逐个打入，塑料木针用木螺钉加垫旋紧即可。

电线管、金属软管的敷设参照电气专业有关的规程规范进行。

4. 导线、电缆敷设

敷设辐射导线之前，应先将线槽、电线管吹扫干净，清除灰尘杂物和积水等。根据线槽，电线管长度和接线的要求，仔细计算导线的放线长度和根数，然后缓慢平稳穿入电线管和线槽中，不可强拉硬拽，保证电线绝缘层完好无损。电线不能扭曲打结，预留备用线根数应保证在10%以上。出入电线管或线槽的导线，应用专用保护口保护。电线管内不允许有接头，防止漏电。

动力回路和控制回路导线应分开敷设，不可敷于同一线槽内。串行线路需独立屏蔽开。交流线路和直流线路亦应分开，微信号线路和电子线路应采取屏蔽线，以防干扰。为了保持电线相线与设备的良好接触，线芯之间连接应挂锡，大于 $10mm^2$ 导线与设备连接时要用接线卡或接线端子。导线的接头必须用黄蜡带包扎严密，再用塑料胶带包扎好。

导线与设备及盘、柜连接前，应将导线沿接线端子方向整理整齐，顺序成束，并用小线分段绑扎好，这样既美观又大方又便于在发生故障时查找故障和维修。所有导线均应编号和套上号码管。所有导线敷设完毕后，应检查其绝缘性能，要求每伏工作电压的绝缘电阻大于 1000Ω。然后将线槽板盖严线槽，电线管端头封闭。

5. 电气安装工艺流程

为了保证电气安装的质量,要按正确的工艺流程施工,见图2-19。

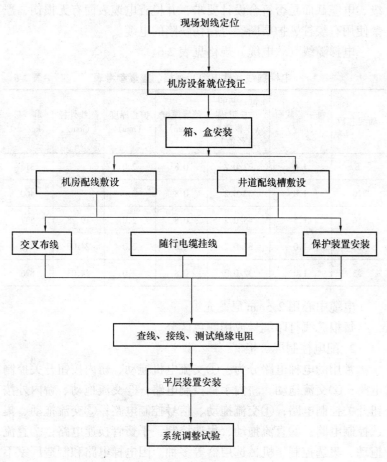

图 2-19 电气安装工艺流程

三、材料(设备)要求

1. 电缆

电梯用电缆与轿厢、机房、控制盒之间连接,作为电梯能源、控制回路中的通道。在安装敷设前均应用500V兆欧表对电缆的绝缘电阻进行测量，测试结果应符合产品要求，一般要求不低于0.5MΩ。敷设前还应该检查所施工的电缆规格型号、电压等级、电缆截面是否符合设计要求，并检查电缆表面有无损伤，严禁使用有绞拧、护层断裂等损伤缺陷的电缆。

电梯随线（软电缆）规格见表2-6。

电梯随线（软电缆）规格、重量参考表　　表2-6

随线芯数	每一芯截面（mm²）	每一芯的单根组成（单根数/直径值）	绝缘厚度（mm）	护套厚度（mm）	随线外径（mm）	重量（kg/km）
8	1.0	32/0.2	0.8	2.0	18.23	312
16	1.0	32/0.2	0.8	2.0		460
16	1.5	48/0.2	0.8	2.0	19.78	537
24	1.0	32/0.2	0.8	2.0	24.09	740
33	1.0	32/0.2	0.8	2.0	24.03	826

电缆中心用2.5mm尼龙充填。

每根芯线打印编号或用颜色区分。

2. 配电控制屏、柜

常用的电梯电路分为：①交流电机拖动、轿内按钮开关控制电路；②交流拖动、轿内手柄控制电路；③交流拖动、轿内外按钮开关控制电路；④交流拖动、信号控制电路；⑤交流拖动、集选控制电路；⑥直流拖动、集选控制、干簧管换速电路；⑦直流拖动、集选控制、机械选层器等多种。因电梯电路和制造厂家不同，配电及控制的屏、柜技术参数、外形尺寸均不相同。配电、控制屏柜到场后，根据制造厂装箱单进行数量和型号规格的验收。控制屏、柜外形尺寸应符合设计要求。控制屏、柜上的各种电子器件、按钮、指示灯、调节旋钮都应按设计图要求装配在适当位置，并标有相应的名称和代号。还应检查屏、柜的外观质量在包装、运输过程中是否有损坏，是否有变形。查看屏、柜上的铭牌是否完整，屏、柜上装配的元、器件排列是否整齐、安装牢固。屏、柜的接地端子位置处应有标志，活动机构与屏、柜之间应用接地线连接。

控制屏、柜在制造厂型式试验中已作过空载试验，因此在施工现场可不再做单体试验。

3. 电气控制器件

电梯是大型的机电合一的特种设备，相应的机械有相应的电气控制和保护，其系统框图见图2-20。

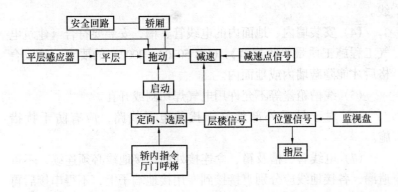

图2-20　电气控制系统框图

控制线路主要由以下几部分组成：轿内指令线路、厅门呼梯线路、指层线路、定向选层线路、启动运行线路、平层线路、开关门控制线路、安全保护线路及对采用电动-发电机组控制的电梯的原动机控制线路。

常见的电气组件有操纵箱、指层灯箱、召唤按钮箱、轿顶检修箱、换速平层装置、限位开关装置、极限开关装置、选层器、控制柜、开门机、电阻器箱等。对所有的电气组件和组件内的电气器件，均应作外观检查，不得有明显的残损，器件、组件上应有技术标牌。所表明的技术数据、出厂日期等应与设计文件相符。

四、检查与验收

1. 施工过程中监理应重点注意的质量问题

（1）机房和井道内应按产品要求配管（槽）配线。护套电缆和橡套软电缆不得明敷于地面。

（2）线槽内导线总面积不应大于线槽净面积的60%；导管内导线总面积不应大于导管内净面积的40%；导管、线槽、软管等敷设应整齐牢固。

（3）接地支线的线色应符合要求，采用黄绿相间的绝缘导线。

（4）安装墙内、地面内的电线管、槽，安装要符合《建筑电气工程施工质量验收规范》（GB 50303—2002）的要求，验收合格后才能隐蔽墙内或地面内。

（5）线槽箱盒等不允许用电气焊切割或开孔。

（6）对于易受外部信号干扰的电子线路，应有防干扰措施。

（7）电线管、槽及箱、盒连接处的跨接地线必须连续，不可遗漏，各接地线应分别直接接到专用接地端子上，不得串接后再接地。

（8）随行电缆敷设前必须悬挂松劲后，方可固定。

（9）各安全保护开关应固定可靠，安装后不得因电梯正常运行的碰撞或因钢绳、钢带、电缆、皮带等正常的摆动，而使其开关产生位移、损坏和误动作。

2. 主控项目验收

（1）电气设备接地必须符合下列规定：

1）所有电器设备及导管、线槽的外露可导电部分均必须可靠接地（PE）；

2）接地支线应分别直接接至接地干线接线柱上，不得互相连接后再接地。

监理方法：现场观察检查及用接地电阻测试仪测试检查。

(2) 导体之间和导体对地之间的绝缘电阻必须大于 $1000\Omega/V$，且其值不得小于：
1）动力电路和电气安全装置电路：$0.5M\Omega$；
2）其他电路（控制、照明、信号等）：$0.25M\Omega$。
监理方法：现场观测检查及绝缘摇表（兆欧表）测试检查。
其中（1）、1），（1）、2）为强制性条文，必须严格执行。
3. 一般项目验收
(1) 主电源开关不应切断下列供电电路：
1）轿厢照明和通风；
2）机房和滑轮间照明；
3）机房、轿顶和底坑的电源插座；
4）井道照明；
5）报警装置。
(2) 机房和井道内应按产品要求配线。软线和无护套电缆应在导管、线槽或能确保起到等效防护作用的装置中使用。护套电缆和橡套软电缆可明敷于井道或机房内使用，但不得明敷于地面。

第四节 电梯的竣工验收

电梯在安装、施工竣工后，检查和验收的内容，可分为三个方面：
- 安装质量检查；
- 安全性检查；
- 性能检查。

一、安装质量检查

安装质量检查，一般可分机房、轿厢、厅门、轿顶及井道、底坑等五个部分进行。

1. 机房部分

机房部分的检查项目和内容，见表2-7。

机房部分的检查项目和内容　　　　　表2-7

对象	项目	内容
1. 机房	(1) 机房使用	①机房内不应放置与机房无关的设备及杂物 ②机房内不应存放易燃性液体 ③机房内应有灭火设备 ④机房的门应有锁紧装置
	(2) 机房照明	①机房应有固定式照明设施，地板表面上的照度应不小于200lx ②照明开关应设于机房入口处
	(3) 机房通风	①机房应有良好通风，能保证室内最高温度不超过40℃ ②当使用排风扇通风时，如安装高度较低，应设防护网
	(4) 设备安装位置	①电源总开关应装在机房入口处距地面高1.3~1.5m的墙上 ②各机械设备离墙不应过近，应在300mm以上，其中限速器可在100mm以上 ③屏、柜与门、窗正面的距离不少于600mm；其封闭侧离墙不少于50mm，维修侧不少于600mm，群控、集选电梯不少于700mm ④屏、柜与机械设备的距离不宜小于500mm
	(5) 楼板孔	①曳引绳、限速器钢丝绳、选层器钢带等，在穿过楼板孔时，均不应碰到孔边。曳引绳周边间隙应为25~50mm ②楼板孔均应在四周筑有台阶，防止油、水浸入井道，台阶离楼板应在75mm以上
2. 控制屏	(1) 安装	①控制屏应牢固地固定于机房地面 ②屏体应与地面垂直，其倾斜在任何方向均应全高的5/1000以内 ③屏体应可靠接地，接地电阻不应不于4Ω
	(2) 工作状况	各开关及电器元件的工作应良好，无任何不正常现象

续表

对象	项目	内　　容
3. 曳引机	(1) 安装	①承重梁应架在井道壁上，其两端均应超过壁中心20mm，且架入深度不应小于75mm（对于砖墙、梁下应垫以能承受其重量的钢筋混凝土过梁或金属过梁） ②曳引机应可靠固定，在任何情况下均不应发生位移 ③曳引轮应垂直于地面，按表图1测量时，a值不应大于1.5mm ④所有曳引绳均应位于曳引槽的中心，不应有明显偏斜 表图1　曳引轮的倾斜
	(2) 润滑	①减速箱中润滑油的加入量应符合要求，油的规格也应符合规定 ②在用润滑脂润滑的部位，应已注入了润滑脂；设有油杯时，油杯中应充满油脂 ③轴的伸出处不应有漏油现象；对于采用盘根密封的机种，只允许有少量渗油
	(3) 运转	①运转时不应有异常振动和不正常声响 ②在电梯空载或满载运行，制动及换向启动时，曳引绳不应有明显打滑
	(4) 电磁制动器	①制动器的动作应灵活可靠，不应出现明显的松闸滞后现象及电磁铁吸合冲击现象 ②制动瓦与制动轮应抱合密贴，松闸时两侧闸瓦应同时离开制动轮表面 ③制动瓦与制动轮的间隔两侧应一致，间隙应不大于0.7mm
	(5) 曳引电机	①运转良好，电刷不应出现电火花及电刷杂声 ②机座应可靠接地，接地电阻应不大于4Ω

续表

对象	项目	内 容
4. 导向轮	(1) 与楼板孔的间隙	两侧与楼板孔应有足够间隙，一般不应小于 20mm
	(2) 与曳引轮的位置	①导向轮侧面应平行于曳引轮侧面，按表图 2 测量，$b-a$ 的值不应超过 ±1mm ②导向轮应垂直于地面，按表图 2 测量，a 不应大于 0.5mm

表图 2 导向轮与曳引轮的平行

对象	项目	内 容
5. 限速器	(1) 安装	①限速器绳轮应垂直于地面，以表图 2 审核方法测量时 a 不应大于 0.5mm ②限速器应牢固地固定在地面或托架上 ③限速器的铅封不应有破损 ④对于没有超速开关的限速器，应可靠接地，接地电阻不应大于 4Ω
	(2) 运转	①绳轮的转动应平稳，无不正常声响 ②抛块或抛球的抛开量应能随电梯速度变化灵敏 ③限速器钢丝绳在绳槽中应无明显打滑
6. 选层器	(1) 安装	①选层器箱体应垂直于地面，不应有明显的歪斜 ②选层器箱体应牢固地固定在地面 ③箱体应可靠接地，接地电阻不应大于 4Ω
	(2) 运转	①运转时，传动链条与链轮、钢带与钢带轮的啮合应良好，不应有明显跳动、脱链、卡齿等现象 ②触头动作、接触应可靠，接触后应略有压缩余量

2. 轿厢部分

轿厢部分的检查项目和内容，见表 2-8。

轿厢部分的检查项目和内容　　　　　　表 2-8

对象	项　目	内　　容
1. 轿壁	(1) 安装	①轿壁的固定应牢固 ②壁板与壁板之间的拼接应平整 ③轿厢应可靠接地，接地电阻不应大于 4Ω
	(2) 强度	当轿壁任何位置，施加一个均匀分布于 $5cm^2$ 面积上 300N（约 30.6kg）的力时，其弹性变形不大于 15mm，且无永久变形
2. 轿底	(1) 底板平面的水平度	底板平面应水平，不水平度不应超过 2/1000
	(2) 轿门地坎与厅门地坎的位置	①轿门地坎与厅门地坎间的间隙不大于 35mm ②轿门地坎与各层厅门地坎的间隙应一致，偏差不应超过 ±1mm
3. 照明及风扇	(1) 照明	①全部照明灯应工作正常 ②具有应急照明装置时，应急照明应能随时应用
	(2) 风扇（或抽风机）	①工作时应平稳，不应有异常振动和噪声 ②对于具有自动控制设计的风扇，应能在基站与电梯同时启动；当轿厢停止 3min 左右，能自动停止
4. 操纵箱	(1) 安装	操纵箱在轿壁上的安装应平贴，周边应无明显缝隙
	(2) 工作情况	①各开关的动作应良好 ②电话、对讲机、警铃等应使用良好
5. 安全窗	使用安全性	当安全窗打开时，电梯控制回路应被切断，电梯不能启动
6. 轿厢门	(1) 门的吊装	①门扇的正面和侧面，均应与地面垂直，不应有明显倾斜 ②门扇下端与地坎间的间隙应在 6±2mm，在采用板条型直线导轨时，门滑轮架上的偏心挡轮与导轨下端面的间隙不应大于 0.5mm
	(2) 门的位置关系	门扇与门套间的间隙 a，门扇与门扇间的间隙 c（对旁开门），均应符合要求，一般应为 6±2mm，见表图 3

表图 3　门扇的间隙

续表

对象	项 目	内 容
6. 轿厢门	(3) 门的开度	门在全开后,门扇不应凸出轿厢门套,并应有适当的缩入量 e (5mm左右),见表图4 表图4 门扇的缩入量
	(4) 手动开门力	①门应能在轿厢内用人力打开 ②手动开门力也不宜过小,在未与厅门系合时,98N以下的力不能打开;在与厅门系合后,245N以下的力不能打开
	(5) 安全触板	①安全触板的凸出量应上下一致,凸出量应大于触板的工作行程 ②安全触板应有良好的灵敏度,触板动作的碰撞力不大于4.9N ③安全触板一经碰触,作关门动作的门扇应立即转为开门动作 ④安装触板在动作时,应无异常声响
	(6) 门的开与关	①按下操纵箱上的关门按钮,门应立即启动,且应运动平稳,在接近关闭时,应有明显的减速,闭合时应无撞击现象 ②按下开门按钮,门迅速打开,且运动平稳,在接近全开时,应有明显的减速

3. 厅门部分

厅门部分的检查项目和内容,见表2-9。

厅门部分的检查项目和内容　　　　表2-9

对象	项 目	内 容
1. 厅门套及厅门地坎	(1) 外观	①门套表面不应有划痕、修补痕等明显可见缺陷 ②各接缝处应密实,不应有可见空隙
	(2) 安装	门套立柱应垂直于地面;横梁应水平,立柱的不垂直度和横梁的不水平度均不超过1/1000

续表

对象	项目	内 容
1. 厅门套及厅门地坎	(3) 门口宽	门套立柱间的最小间距，应等于电梯的开门宽
	(4) 门地坎	①地坎应安装牢固，用脚踩压时，不应有松动现象 ②地坎应水平，不水平度不超过 1/1000 ③地坎应略高于地面，但不应有使人绊倒的危险，其高出 5~10mm，并抹成 1/1000~1/50 的过渡斜坡
2. 厅门	(1) 门的吊装	①门扇的正面和侧面，均应与地面垂直，不应有明显倾斜 ②门扇下端与地坎间的间隙应为 6±2mm，两门扇的间隙的间隙差 $K-K'$ 不应过大，其值一般不应大于 2mm，见表图 5 表图 5　门扇下端间隙差 ③当门导轨是板条型直线轨时，门滑轮架上的偏心挡轮与导轨下端面的间隙均不大于 0.5mm
	(2) 强度	当门在锁住位置时，将 300N（约 30.6kg）的力，均匀作用于门扇任何位置 $5cm^2$ 的面积上，门应无永久变形，弹性变形不大于 15mm，尔后应动作良好
	(3) 门的位置关系	①门扇与门套间的间隙 b，门扇与门扇间的间隙 d（对旁开式门），均应为 6±2mm，见表图 6 ②门扇与门套的重合量和旁开式门扇间的重合量，应保证门闭合密实，b 和 d 一般均不应小于 14mm，见表图 6 表图 6　门扇的重合量 b 和 d

续表

对象	项目	内 容
2. 厅门	(3) 门的位置关系	③中分式门在门扇对口处应平整，两扇门的不平度不应大于1mm ④中分式门在门扇对口处的门缝不应过大，在整个可见高度上均不应大于2mm
	(4) 门的开和关	①门在开、关过程中，应平稳，不应有跳动、抖动等现象 ②门在全关后，在厅外应不能以人力打开，对中分式门，当用手扒开门缝时，强迫锁紧装置或自闭机均应使之闭合严密
3. 门锁	(1) 门锁开关	当门打开时，按下轿厢内的运行开关，电梯应不能启动
	(2) 锁合与解脱	①门锁在锁合时应灵活轻巧，不应有太大的撞击声 ②门锁在锁合后，锁钩与锁臂之间应有一定的松动间隙，用手扒门时，应能使门扇稍有移动 ③门锁在解脱时，对于固定式门刀，两个滚轮应能迅速将门刀夹住，在整个开关门运动中，两滚轮均应贴住门刀
4. 厅门指层灯和召唤按钮箱	(1) 指层灯	①指层灯箱的安装应平整，周边应紧贴墙面，不应有可见缝隙，灯面板不应有明显歪斜 ②数字灯应明亮清晰，反应准确
	(2) 按钮箱	①按钮箱的安装应平整，周边应紧贴墙面，不应有可见缝隙；箱面不应有明显歪斜 ②按钮的动作应灵活，指示灯明亮
5. 厅门钥匙	动作可靠性	将钥匙插入厅门钥匙孔，应能灵活地将门锁解脱
6. 基站钥匙开关	动作可靠性	将钥匙插入召唤箱上的钥匙孔，应能接通电源，电梯门自动打开

4. 轿顶及井道部分

轿顶及井道部分的检查项目和内容，见表2-10。

轿顶及井道部分的检查项目和内容　　表 2-10

对象	项　目	内　　容
1. 轿顶轮	(1) 安装位置	①轿顶轮应位于轿厢上梁的中心位置,见表图 7 表图 7　轿顶轮位置 其与上梁的间隙 a、b、c、d 应一致,其差值要求不大于 1mm
	(2) 铅垂度	轿顶轮的铅垂度,以表图 1 方法测量时,a 值不应超过 0.5mm
	(3) 安全盖板及钢索防脱棒	①安全盖应固定牢固 ②当装有钢索防脱棒时,其与绳轮的间隙应适当(一般为 3mm)
2. 导靴	(1) 固定滑动导靴	靴衬与导轨端面的间隙应均匀,间隙不应大于 1mm,两侧之和不大于 2mm
	(2) 弹性滑动导靴	①靴衬与导轨端面无间隙,导靴的三个调整尺寸 a、b、c 应调整合理,符合规定要求 ②导轨应有润滑装置,并已加足润滑油,工作良好
	(3) 滚轮导靴	①滚轮对导轨不应歪斜,在整个轮缘宽度上与导轨工作面应均匀接触 ②在电梯运行时,全部滚轮应顺着导轨面作滚动,不应有明显打滑现象 ③导轨工作面上不应加涂润滑油或润滑脂
3. 钢丝绳锥套与钢丝绳	(1) 钢丝绳锥套	①巴氏合金的浇筑应高出锥面 10～15mm,最好能明显看到钢丝的弯曲情况 ②钢丝绳在锥套出口处不应有松股,扭曲等现象 ③绳头弹簧支承螺母应为双重结构,两个螺母应对顶拧紧自锁,并已在锥套尾装上开口销

续表

对象	项 目	内 容
3. 钢丝绳锥套与钢丝绳	(2) 曳引钢丝绳	①全部钢丝绳在全长上均不应有扭曲、松股、断股、断丝、表面锈斑等情况 ②钢丝绳表面应清洁，不应粘满尘砂、油渍等 ③钢丝绳表面不应涂加润滑油或润滑脂 ④全部曳引绳的张紧力应相近，其相互差值不应超过5%
4. 平层感应器与遮磁板	(1) 安装	安装应垂直、固定牢固。遮磁板应能上下、左右调节
	(2) 位置	①遮磁板插入感应器时，两侧间隙应尽量一致，感应器插口底部与遮磁板间隙为10mm，偏差不大于2mm ②电梯平层时，上下感应器与遮磁板中间位置应一致，偏差不大于3mm
5. 安全钳连杆系统	(1) 安装状态	①楔块拉杆端的锁紧螺母应已锁紧，见表图8 表图8 拉杆锁紧螺母 ②限速器钢丝绳与连杆系统的连接可靠
	(2) 动作	①用手提拉限速器钢丝绳，连杆系统应能动作迅速，两侧拉杆应同时被提起，安全钳开关被断开，松开时，整个系统应能迅速回复、但安全钳开关不能自动复位 ②安全钳楔块与导轨侧面应有合适间隙，反映到拉杆的提起，应有一定的提升高度。一般电梯的楔块间隙应为2~3mm，当楔块斜度为5°时，反映到提升高度应为23~34mm ③拉杆的提升拉力应符合有关规定要求，一般，采用瞬时安全钳时，提拉力为147~294N

续表

对象	项目	内 容
6. 门刀	安装位置	门刀与各层厅门地坎及各层门锁滚轮的间隙为 5~8mm
7. 轿顶检修箱	功能	①检修箱上的检修开关对电梯的操纵只能以检修速度点动。且此时轿厢内的检修开关不起作用 ②检修箱上应有非自动复位的急停开关 ③检修箱应具有安全电压检视电灯和插座,其电压不超过 36V,还应设有明显标志的 220V 三线插座
8. 导轨	(1) 导轨接头状态	①接头处不应在全长上存在连续缝隙。局部缝隙不大于 0.5mm ②接头处的台阶不应大于 0.05mm,且应按规定的长度修光
	(2) 导轨铅垂直度相互偏差	两条导轨侧工作面应铅垂于地面,当用铅垂线检查时,其偏差每 5m 不应大于 0.7mm,相互的偏差在整个高度上不应大于 1mm
	(3) 工作状况	电梯以额定速度运行时,不应有来自导轨的明显振动、摇晃与不正常声响
9. 导轨架	(1) 固定情况	①导轨架在井道壁上的固定应牢固可靠。导轨架或地脚螺栓的埋入深度,不应小于 120mm;当采用焊接固定时,应双面焊牢 ②在地脚螺栓固定方式,当用金属垫板调整导轨架高度时,垫板厚度大于 10mm 时,应与导轨架焊接
	(2) 安装水平度	导轨架的安装应水平,其不水平度 a 不应大于 5mm,见表图 9

表图 9 导轨架的水平度要求

续表

对象	项目	内　容
10. 对重	（1）导靴	和轿厢导靴相同
	（2）绳头锥套	和轿厢绳头锥套相同
	（3）对重块	对重块在对重架中，其上部应用压板定位
11. 线槽及线管	（1）线槽	①线槽内外面均应作防锈处理，里面应光滑 ②每根线槽在井道壁上至少应有 2 个固定点，固定点的间距一般为 2~2.5m（横向 1.5m） ③线槽的固定应牢固可靠 ④导线在槽内每隔 2m 左右，应用压线板固定，压线板与导线接触处应有绝缘措施
	（2）软线管	①其在井道壁上的固定情况，见表图 10 表图 10　软管的固定 在图中：A 应为 1m 以下；B 应为 0.3m 以下；C 应为 0.3m 以下；D 应为 1m 以下 软管不应埋入混凝土中 ②线管的弯曲半径 R 应为管外径的 4 倍以上 ③管子在相互连接处应使用管接头
	（3）管内敷线	①导线不应充满线槽（或管）的全部空间，对线槽，敷设总面积应小于槽内总面积的 60%；对线管不应大于 40%（导线绝缘层计算在内） ②动力线和控制线不应敷于同一线槽（或管）内 ③导线在槽（管）的出入口处应加强绝缘，且孔口应设光滑护口 ④应采用不同颜色的导线以区别线路；使用单色线时，需在电线端部装有不同标志
	（4）接地	线槽和线管均应可靠接地，接地电阻不应大于 4Ω

续表

对象	项目	内　　容
12. 中间接线箱、中间挂线架与电缆	（1）中间接线箱	①应装于电梯正常提升高度 1/2 加高 1.7m 的井壁上 ②箱的固定应牢固可靠，箱体应作防锈处理 ③箱体应接地，接地电阻不应大于 4Ω
	（2）中间挂线架	①应位于中间接线箱下方 0.2m 处 ②架的固定应牢固可靠 ③电缆在架上的绑扎应牢固可靠，见表图 11 表图 11　中间接线箱与中间挂线架
	（3）电缆	①电缆应自然下垂，在移动时不应出现扭曲。多根电缆长度应一致 ②电缆下垂末端的移动弯曲半径：8 芯电缆不小于 250mm；16~24 芯电缆不小于 400mm ③电缆不运动部分（提升高度 1/2 高 1.5m 以上）应用卡子固定
13. 限位装置	（1）碰铁与开关碰轮的相互位置	①碰铁的安装应垂直于地面，其偏差不应大于长度的 1/1000，最大偏差不大于 3mm ②碰铁应能与各限位开关的碰轮可靠接触，在接触碰压全过程中，碰轮不应从碰铁侧边滑出，碰轮边距碰铁边在任何情况均不应小于 5mm ③碰铁与各限位开关碰轮接触后，开关接点应可靠动作，碰轮沿碰铁全程移动时，不应有卡阻，且碰轮稍有压缩余量

续表

对象	项目	内容
13. 限位装置	(2) 端站保护开关的安装位置	①强迫换速开关，应在电梯在上、下端站相应于正常换速位置处起作用 ②限位开关应在电梯超越正常平层位置约 50mm 处起作用 ③极限开关应在电梯超越正常平层位置 200mm 以内起作用 ④直流高、快速电梯强迫缓速开关的安装位置，应按电梯的额定速度、减速时间及制停距离选定；但其安装位置不得使电梯制停距离小于电梯允许的最小制停距离
14. 顶部间隙	电梯在顶层正常平层位置，轿厢上梁距井道顶面的距离	顶部间隙的计算： $$h > e + e' + m + J$$ 式中 h——顶部间隙（mm）； e——对重越程（mm）； e'——对重缓冲器缓冲行程（mm）； m——取 600mm； J——轿厢惯性上弹量， $$J = \frac{v_1^2}{4g} \text{（mm）}$$
15. 井道卫生	(1) 井道壁	井道的四壁及顶板，均不应积有浮尘、泥砂
	(2) 井道件	井道中的所有构件，均不应积满尘砂、油污等

5. 底坑部分

底坑部分的检查项目和内容，见表 2-11。

底坑部分的检查项目和内容　　　　表 2-11

对象	项目	内容
1. 井道底坑	(1) 深度	①底坑的需要深度，按下式进行核算： $$H_1 = s + e' + s' + n$$ 式中 s——轿厢和对重的越程（mm）； e'——缓冲器缓冲行程（mm）； s'——轿厢底部空隙（mm）； n——轿厢地坎至轿厢缓冲板尺寸（mm） ②一般底坑深度为 1.4～3m，电梯额定速度越高，底坑深度越大。如 1.5m/s 的电梯底坑深度为 1.8m；3m/s 的电梯为 3m

续表

对象	项目	内　　容
1. 井道底坑	(2) 防水与清洁	①底坑内不应有水渗入和积水，应保持干燥 ②底坑内不应有杂物、泥砂、油污等，应保持清洁
	(3) 底坑检修箱	①箱上应有监视用的灯和插座，其电压不应超过36V，还应设有明显标志的220V三线插座 ②箱上应设有非自动复位的急停开关
2. 缓冲器	(1) 对轿厢和对重的越程	①越程应保证：当电梯越出正常平层位置，在碰到缓冲器前能被限位装置强制停止（使用油压缓冲器的特殊情况除外）。当缓冲器被完全压缩时，轿厢或对重不会碰到井道顶 ②电梯越程的要求如下： 　对 0.5～1.0m/s 的额定速度的电梯，弹簧缓冲器越程为 200～350mm 　对 1.5～3.0m/s 的额定速度的电梯，油压缓冲器越程为 150～400mm
	(2) 安装质量	①缓冲器应牢固地固定在底坑 ②弹簧缓冲器无锈蚀和机械损伤；油压缓冲器的油量和油的规格应符合要求 ③缓冲器安装应垂直，油压缓冲器柱塞的不铅垂度不应大于 0.5mm；弹簧缓冲器的顶面不水平度不应大于 4/1000 ④两个轿厢缓冲器的高度应一致，其顶面相对高度差不应大于 2mm ⑤缓冲器的中心应与轿厢或对重架上相应碰板中心对中，其偏移量不应大于 20mm
3. 限速器张紧装置	(1) 张紧力	①所产生的张紧力，应足以使限速器钢丝绳可靠驱动限速器绳轮 ②一般，张紧装置对绳索每分支的拉力应不小于 147N

续表

对象	项目	内容
3.限速器张紧装置	(2) 安装质量	①张紧装置应自然下坠，在托架上应能自由上下浮动 ②限速器绳至导轨距离 a、b 在整个高度上应一致，其偏差不应大于 5mm，见表图 12 表图 12　绳索偏差
	(3) 离底坑高度	张紧装置必须离底坑有一定高度，其规定： 高速梯：高度为 750±50（mm）； 快速梯：高度为 550±50（mm）； 慢速梯：高度为 400±50（mm）
	(4) 断绳开关	断绳开关的位置应正确，当张紧装置下滑或下跌时，能被可靠动作
4.选层器钢带	(1) 安装位置	钢带轮应与机房钢带轮对正，钢带应无明显偏斜现象
	(2) 运转情况	运转时轮与钢带的啮合应良好，无异常声音及钢带扭曲
	(3) 断带开关	开关的安装位置应保证当钢带断裂时，能被可靠动作

续表

对象	项目	内容
5.电缆与补偿装置	(1) 电缆	①当轿厢位于最底层时，电缆不应碰到底坑、但在压缩缓冲器后应略有余量 ②电缆与轿厢的间隙不应过小，应大于 80mm
	(2) 补偿装置	①对于补偿链，在轿厢位于底层时，链不应碰到底坑，应有 150~250mm 的间隙 ②对于补偿绳，其张紧轮应能被张紧轮导轨平顺导向，其导轨全高的不铅垂度不应大于 1mm；导靴与导轨端面的间隙应为 1~2mm

二、安全可靠性检查

电梯的安全可靠性检查，包括电气线路绝缘强度检查、超速保护检查、载重可靠性检查、终端超越保护检查等四个方面。

1. 电气线路绝缘强度

电气线路绝缘强度的检查项目和内容，见表 2-12。

电气线路绝缘强度的检查项目和内容　　　　表 2-12

项目	内容
1. 主电路	绝缘电阻不应小于 0.5MΩ
2. 控制电路	绝缘电阻不应小于 0.25MΩ
3. 信号电路	绝缘电阻不应小于 0.25MΩ
4. 照明电路	绝缘电阻不应小于 0.25MΩ
5. 门机电路	绝缘电阻不应小于 0.25MΩ
6. 整流电路	绝缘电阻不应小于 0.25MΩ

注：采用 500V 100MΩ 绝缘电阻计测量。

2. 超速保护

超速保护的检查项目和内容，见表 2-13。

超速保护的检查项目和内容　　　　　　　　表 2-13

项　目	内　容
1. 限速器与安全钳动作可靠性	电梯在空载情况下,以检查速度下降: (1) 对于设有超速开关的限速器,人为动作超速开关,此时电梯应能立即被曳引机上的电磁制动器制动 (2) 人为动作限速器夹绳钳、钳块应能迅速夹持绳索,安全钳随即动作,将轿厢制停在导轨上,并同时动断控制电路
2. 轿内急停按钮动作可靠性	在电梯正常运行时,按下轿内急停按钮,电梯应立即制动;手离开按钮后,电梯应不会自动恢复运行

3. 载重可靠性

载重可靠性的检查项目和内容,见表 2-14。

载重可靠性的检查项目和内容　　　　　　　　表 2-14

项　目	内　容
1. 静载试验	电梯的静载试验应符合下列要求: (1) 将轿厢位于底层,陆续平稳地加入载荷;客梯、医用梯和起重量不大于 2000kg 的货梯,载以额定起重量的 200%,其余各类电梯载以额定起重量的 150%,历时 10min (2) 试验中各承重构件应无损坏,曳引绳在槽内应无滑移,制动器应能可靠地刹紧
2. 运行试验	电梯的运行试验应符合下列要求: (1) 轿厢内分别载以空载,额定起重量的 50%、100%,在通电持续率 40%的情况下,往复升降,各自历时 1.5h (2) 电梯启动、运行和停止时,轿厢内应无剧烈的振动和冲击,制动器的动作应可靠。运行时制动器闸瓦不应与制动轮摩擦,制动器线圈温升不应大于 60℃;减速器油的温升不应大于 60℃,且温度不应高于 85℃
3. 超载试验	电梯的超载试验应符合下列要求: (1) 轿厢应载以额定起重量的 110%,在通电持续率 40%的情况下,历时 30min (2) 电梯应能安全地启动运行,制动器作用应可靠,曳引机工作正常

项 目	内 容
4. 轿厢超载装置动作的可靠性	（1）当在轿厢内载有电梯额定起重量的110%的载荷时，厢内的超载灯应点亮，蜂鸣器应响，电梯不能关门 （2）当御去70~100kg重量后，立即恢复正常 （3）当轿厢内载荷达到电梯额定起重量80%时，对于信号和集选控制电梯，顺向截停功能应消失（当具有此功能时）

4. 终端超越保护

终端超越保护的检查项目和内容，见表2-15。

终端超越保护检查的项目和内容　　　　表 2-15

项 目	内 容
1. 终端换速开关和限位开关动作可靠性	将正常端站换速和停止电路跨接，电梯停靠在尽量接近上、下端站楼层，在机房操纵电梯向端站运行，电梯应在预定位置被强迫换速和停止
2. 终端极限开关	将终端限位开关短接，电梯尽量接近上、下终端站的楼层以慢车向端站运行，电梯应在缓冲器作用前被制停（除使用弹簧变位式油压缓冲器的特殊情况，极限开关在缓冲器被压缩后动作。此时压缩量不应超过缓冲器行程的25%）
3. 油压缓冲器试验	油压缓冲器的试验应符合下列要求： （1）复位试验：在轿厢空载的情况下进行，以检修速度下降，将缓冲器全部压缩，从轿厢开始离开缓冲器一瞬间起，直到缓冲器回复到原状止，所需时间应小于90s （2）负载试验：在轿厢以额定起重量和额定速度下，对重以轿厢空载和额定速度下分别进行，碰撞缓冲器，缓冲应平稳，零件应无损伤和明显变形

三、技术性能检查

电梯的技术性能检查，包括速度特性、工作噪声、平层准确度、控制电路的功能等四个方面。

1. 速度特性

速度特性的检查项目和内容，见表 2-16。

速度特性的检查项目和内容　　　　　表 2-16

项　　目	内　　容
1. 启动振动	电梯在启动时的瞬时加速度不应大于规定值，启动振动应小于电梯的加速度最大值
2. 制动振动	电梯在制动时的瞬时减速度不应大于规定值，对交流双速梯，允许略大于电梯的减速度最大值；对于交流调速及直流梯，均应小于减速度最大值
3. 加速度最大值	电梯加速运行过程中的最大加速度不应超过规定值，规定不大于 $1.5 m/s^2$
4. 减速度最大值	电梯在减速运行过程中的最大减速度不应大于规定值，规定不大于 $1.5 m/s^2$
5. 加、减速时的垂直振动	电梯在加、减速运行过程中，发生在垂直方向上的最大振动加速度不应超过规定值
6. 运行中垂直振动	电梯在稳定运行过程中，发生在垂直方向上的最大振动加速度不应超过规定值
7. 运行中的水平振动	电梯在稳定运行过程中，发生在水平方向上的最大振动加速度不应大于规定值，要求不大于 $15 cm/s^2$

2. 工作噪声

工作噪声检查的项目和内容，见表 2-17。

工作噪声检查的项目和内容　　　　　表 2-17

项　　目	内　　容
1. 机房噪声	电梯工作时，机房内的噪声级不应大于规定值（除接触器的吸合声等峰值外）规定噪声计在机房中离地面 1.5m，选测 5 点，其平均值不应大于 80dB-A
2. 轿厢内噪声	电梯在运行中，轿厢内的噪声级不应超过规定值，规定噪声计安放轿厢内部平面中央，离地 1.5m，其测量值不大于 55dB-A
3. 门开闭噪声	电梯开关门过程中的噪声级，不应大于规定值，规定噪声计放在楼层面上，离地 1.5m，在门宽度中央距门 0.24m 处，其测量值不应大于 65dB-A

注：货梯的噪声无要求

3. 平层准确度

平层准确度的检查的项目和内容，见表 2-18。

平层准确度检查的项目和内容　　　　　　　　表 2-18

项　目	内　容
电梯在额定载重范围内，以正常速度升降时的停靠位置准确度	(1) 交流双速梯，规定，速度 0.25m/s、0.5m/s，不大于 ±15mm；速度 0.75m/s、1m/s，不大于 ±30mm (2) 交、直流快速电梯，规定不大于 ±15mm (3) 直流高速电梯，规定不大于 ±5mm

注：规定在作平层准确度测试时，电梯应分别以空载、满载，作上、下运行，到达同一层站，测量平层误差取其最大值。

4. 控制电路功能

控制电路功能，包括信号控制电路基本功能、集选控制电路基本功能、并联集选控制电路基本功能、消防运行控制电路基本功能、检修运行控制电路基本功能等五个部分。

(1) 信号控制电路基本功能

信号控制电路基本功能的检查项目和内容，见表 2-19。

信号控制电路基本功能的检查项目和内容　　　　表 2-19

项　目	内　容
(1) 轿内指令记忆	当按下轿厢内操纵箱上多个选层按钮时，电梯应能按顺序逐一自动平层开门（此时司机只需操纵门的关闭）
(2) 呼梯登记与顺向截停	电梯在桥厢内应能显示和登记厅外的呼梯信号，并对符合运行方向的信号，自动停靠应答

(2) 集选控制电路基本功能

集选控制电路基本功能的检查项目和内容，见表 2-20。

集选控制电路基本功能检查的项目和内容　　　　表 2-20

项　目	内　容
(1) 待客站自动开门	当电梯在某层停梯待客时，按下厅门召唤按钮，应能自动开门迎客

续表

项　目	内　容
（2）自动关门	当门开至调定时间（常为 3~4s），应能自动关闭
（3）轿内指令记忆	当轿内操纵箱上有多个选层指令时，电梯应能按顺序逐一自动停靠开门，并能至调定时间，自动关闭运行
（4）自动选向	当轿内操纵箱上的选层指令相对于电梯位置具有不同方向时，电梯应能按先入为主的原则，自动确定运行方向
（5）呼梯记忆与顺向截停	电梯在运行中，应能记忆厅外的呼梯信号，对符合运行方向的召唤，应能自动逐一停靠应答
（6）自动换向	当电梯在完成全部顺向指令后，应能自动换向，应答相反方向上的呼梯信号
（7）自动关门待客	当完成全部轿内指令，又无厅外呼梯信号时，电梯应自动关门，在关门至调定时间（常为3min），自动关闭机组和照明
（8）自动返基站	当电梯设有基站时，电梯在完成全部指令后，自动回驶基站，停机待客

(3) 并联集选控制电路基本功能

并联集选控制电路基本功能检查的项目和内容，见表 2-21。

并联集选控制电路基本功能检查的项目和内容　　表 2-21

项　目	内　容
（1）分层待客	当无工作指令时，一台电梯应在基站待客，另一台应在中间层站待客
（2）自动补位	当电梯驶离基站，而自由梯尚无工作指令时，应能自动驶到基站，充任基梯
（3）分工应答呼梯信号	当两台梯均处于待客状态时，对高于基站的呼梯信号，应由自由梯前往应答；而在自由梯运行时，出现与其运行方向相反的呼梯信号时，基梯应能自动前往应答
（4）自动返基站	两台电梯中，先完成工作的电梯、应能自动返基站待客
（5）援助运行	对于呼梯信号，应前往应接的电梯未能前往时，在超过调定时间（常为60s），另一台电梯应能自动前往应答
（6）其他集选基本功能	应与集选控制相同

(4) 消防运行控制电路基本功能

消防运行控制电路基本功能检查的项目和内容,见表 2-22。

消防运行控制电路基本功能检查的项目和内容　　　表 2-22

项 目	内 容
(1) 轿内指令及厅外呼梯信号处理	当电梯转入消防控制电路时,轿内指令及厅外召唤信号全部消失
(2) 返呼回层	当转入消防电路时,电梯如正在作与呼回层相反方向运行时,应能在最近站停靠,然后转变运行方向,直驶呼回层
(3) 待命	到呼回层后,电梯应自动停层,开门待命
(4) 消防运行操纵	电梯进入消防运行后,自动关门功能消失,电梯只能用关门按钮或启动按钮关门,并应只能用轿内选层按钮操纵电梯

(5) 检修运行控制电路基本功能

检修运行控制电路基本功能检查的项目和内容,见表 2-23。

检修运行控制电路基本功能检查的项目和内容　　　表 2-23

项 目	内 容
(1) 检修运行转入	当按下轿厢内有关铵钮(如按下"应急"按钮和"慢车"按钮),电梯应转入检修运行,原电路功能消失
(2) 运行操纵	检修运行应只能由专门按钮点动,手离开按钮,电梯应即停止
(3) 轿顶操纵	当由轿顶检修箱专门按钮操纵时,轿厢内应不能同时操纵
(4) 速度	规定检修运行速度不应大于 0.63m/s

第五节　电梯常见故障的排除

电梯常见故障和排除方法见表 2-24。

电梯的结构有多种多样,不同制造厂生产的电梯在机械结构、电气线路都有不同程度的差异,因此故障产生的原因及排除方法各有不同。

电梯常见故障和排除方法 表 2-24

故障现象	原因	排除方法
1. 在基站将钥匙开关闭合后,电梯不开门(直流电梯钥匙开关闭合后,发电机不启动)	1. 控制电路的熔断器断开	更换熔断器,并查找原因
	2. 钥匙开关接点接触不良或折断	如接触不良,可用无水酒精清洗,并调整接点弹簧片;如接点折断,则更换
	3. 基站钥匙开关继电器线圈损坏或继电器触点接触不良	如线圈损坏,则更换;如触点接触不良,清洗修复
	4. 有关线路出了问题	在机房人为使基站开关继电器吸合,视其以下线路接触器或继电器是否动作,如仍不能启动,则应进一步检查,直至找出故障,并加以排除
2. 按下选层按钮后没有信号(灯不亮)	1. 按钮接触不良或折断	修复和调整
	2. 信号灯接触不良或烧坏	排除接触不良或更换灯泡
	3. 选层继电器失灵或自锁接点接触不良	更换或修理
	4. 有关线路断开或接线松开	用万用表检查并排除
	5. 选层器上信号灯活动触点接触不良,使选层继电器不能吸合	调整动触头弹簧,或修复清理触头
3. 有选层信号,但方向箭头灯不亮	1. 信号灯接触不良或烧坏	排除接触不良或更换灯泡
	2. 选层器上自动定向触点接触不良,使方向继电器不能吸合	用万用表检测,并调整修复
	3. 选层继电器常开触点接触不良,使方向继电器不能吸合	修复及调整
	4. 上、下行方向继电器回路中的二极管损坏	用万用表找出损坏的二极管,并更换

续表

故障现象	原　因	排　除　方　法
4. 按下关门按钮后，门不关	1. 关门按钮接点接触不良或损坏	用导线短接法检查确定，然后修复
	2. 轿厢顶关门限位开关常闭接点和开门按钮的常闭接点闭合不好，从而导致整个关门控制回路有断点，使关门继电器不能吸合	用导线短接法将门控制回路中的断点找到，然后修复
	3. 关门继电器出现故障或损坏	排除或更换
	4. 门电动机损坏或有关线路有断点	用万用表检查电机及有关线路，并进行修复或更换
	5. 门机构传动皮带打滑	张紧皮带或更换
5. 电梯已接受选层信号，但门关闭后不能启动	1. 门未关闭到位，门锁开关未能接通	重新开关门，如不奏效，应调整门速
	2. 门锁开关出现故障	排除或更换
	3. 轿门闭合到位开关未接通	调整和排除
	4. 运行继电器回路有断点或运行继电器出现故障	用万用表检查断点，并排除，修复、更换继电器
6. 门未关，电梯能选层启动	1. 门锁开关触点黏连（对使用微动开关的门锁）	排除或更换
	2. 门锁控制回路短路	检查并排除
7. 到站平层后，电梯门不开	1. 开门电机回路中的熔断器过松或熔断	拧紧或更换
	2. 轿厢顶开门限位开关闭合不好或触点折断，使开门继电器不能吸合	排除或更换
	3. 开门电气回路出故障或开门继电器损坏	排除或更换
	4. 开门继电器损坏	更换

续表

故障现象	原　因	排　除　方　法
8. 平层误差大	1. 选层器上的换速接点与固定接点位置不合适	调整
	2. 平层感应器与隔磁板位置不当	调整
	3. 制动器弹簧过松	调整
9. 开门速度变慢	1. 开关门速度控制电路出现故障	检查低速开关门行程开关，排除故障
	2. 开门皮带打滑	张紧皮带
10. 电梯在行驶中突然停车	1. 外电网停电或倒闸换电	如停电时间过长，应通知维修人员采取营救措施
	2. 由于某种原因引起电流过大，总开关熔断器熔断，或自动空气开关跳闸	找出原因，更换熔断器或重新合上空气开关
	3. 门刀碰撞刀轮，使锁臂脱开，门锁开关断开	调整门锁滚轮与门刀位置
	4. 安全钳动作	在机房断开总电源，将制动器松开，人为地将轿厢上移，使安全钳楔块脱离导轨，并使轿厢停靠在层门口，放出乘客。然后合上总电源开关，站在轿厢顶上，以检修速度检查各部有无异常，并用锉刀将导轨上的制动痕修光
11. 电梯平层后又自动溜车	1. 制动器弹簧松动，或制动器出现故障	收紧制动弹簧或修复调整制动器
	2. 曳引绳打滑	修复曳引轮绳槽或更换
12. 电梯冲顶撞底	1. 由于控制部分例如选层器换速触点、选层继电器、井道换速开关、极限开关等失灵、或选层器链条脱落等	查明原因后，酌情修复或更换元件

第五节 电梯常见故障的排除

续表

故障现象	原 因	排 除 方 法
12. 电梯冲顶撞底	2. 快速运行继电器接点粘住，使电梯保持快速运行直至冲顶或撞底	冲顶时，由于轿厢惯性冲力很大，当对重被缓冲器撑住，轿厢会产生急抖动下降，可能会使安全钳动作。此时应首先拉开总电源，用木柱支撑对重。用3t手动葫芦吊升轿厢，直至安全钳复位
13. 电梯启动和运行速度有明显下降	1. 制动器抱闸未完全打开或局部未打开	调整
	2. 三相电源中有一相接触不良	检查线路，紧固各接点
	3. 行车上、下接触器触点接触不良	检修或更换
	4. 电源电压过低	调整三相电压，电压值不超过规定值的±10%
14. 预选层站不停车	1. 轿内选层继电器失灵	修复或更换
	2. 选层器上减速动触点与预选静触点接触不良	调整与修复
15. 未选层站停车	1. 快速保持回路接触不良	检查调整快速回路中的继电器与接触器触点，使其接触良好
	2. 选层器上层间信号隔离二极管击穿	更换二极管
16. 电梯在运行中抖动或晃动	1. 曳引机减速箱蜗轮、蜗杆磨损，齿间隙过大	调整减速箱中心距或更换蜗轮、蜗杆
	2. 曳引机固定处松动	检查地脚螺栓、挡板、压板等，如有松动拧紧
	3. 个别导轨架或导轨松动	慢速行车，在轿顶上检查并拧紧
	4. 滑动导靴的靴衬磨损过大，滚轮也严重磨损	更换滑动导靴的靴衬；更换滚轮导靴或修复滚轮
	5. 曳引绳松紧差异大	调整绳头套螺母，使各条曳引绳拉力一致

续表

故障现象	原　因	排　除　方　法
17. 局部熔断器经常烧断	1. 该回路导线有接地或电气元件有接地	检查接地点，加强绝缘
	2. 继电器绝缘垫片击穿	加绝缘垫片或更换继电器
18. 主熔断器片经常烧断	1. 熔断器片容量选的小，或接触不良	按额定电流更换熔断器片，并压接紧固
	2. 接触器接触不良或被卡阻	检查调整接触器，排除卡阻或更换接触器
	3. 电梯启、制动时间过长	调整启、制动时间
19. 电梯运行时，在轿厢内听到摩擦声	1. 滑动导靴靴衬磨损严重，使两端金属板与导轨发生摩擦	更换靴衬
	2. 滑动导靴中卡入异物	清除异物并清洗靴衬
	3. 由于安全钳拉杆松动等原因，使安全钳楔块与导轨发生摩擦	修复
20. 开、关门时，门扇振动大	1. 门滑轮磨损严重	更换门滑轮
	2. 门锁两个滚轮与门刀未紧贴，间隙大	调整门锁
	3. 门导轨变形或发生松动偏斜	校正导轨：调整紧固导轨
	4. 门地坎中的滑槽积尘过多或有杂物，妨碍门的滑行	清理
21. 门安全触板失灵	1. 触板微动开关出了故障	排除或更换
	2. 微动开关连线短路	检查电路，排除短路点

续表

故障现象	原　因	排　除　方　法
22. 轿厢或厅门有电麻感觉	1. 轿厢或厅门接地线断开，或者接触不良	检查接地线，使接地电阻不大于 4Ω
	2. 接零系统零线重复接地线断开	接好重复接地线
	3. 线路有漏电现象	检查线路绝缘，其绝缘电阻不应低于 $0.5M\Omega$

第三章 CATV有线电视工程质量通病防治

第一节 工程施工、接地和避雷

一、施工和安装

1. 施工前应具备的条件

(1) 施工单位必须持有省级广播电视行政管理部门颁发的《有线电视台安装许可证》和当地工商行政管理部门的营业执照。

(2) 工程施工以设计图纸为依据，如果安装过程中施工人员认为需要对设计图纸进行修改，可与设计人员共同讨论决定。

(3) 安装前施工人员应仔细了解情况，包括熟悉各种设计资料、工艺要求、工程技术标准、器件部件安装位置等。

(4) 确定施工步骤。施工人员较少时，按信号传输方向安装天线、前端机房设备、干线、分配网络、用户终端；当施工人员较多时，一部分从天线、前端机房设备开始，另一部分可同时安装分配网络和用户终端。

(5) 准备好施工所需工具、设备、器材、辅材、机械等，如冲击钻、紧线钳、折梯、安全带。施工前按照设备材料汇总表对所有器材进行清点、分类，并检查产品外观，无破损、变形和明显的脱漆现象。

(6) 工程施工单位应与土建施工单位密切配合，预埋管线、支持件、预留孔洞、沟、槽、基础、地平等都必须符合设计要求。

2. 施工前的调查工作

(1) 施工区域内建筑物的现场情况（包括新旧建筑物的结构、破损房屋是否能进行施工，以便提出相应措施和解决办法）。

(2) 了解施工区域内使用道路及占用道路（包括横跨道路）的情况，确定电缆敷设方式（埋地或架空及架空高度）。

(3) 允许同杆架设及自立杆杆路的情况。

(4) 敷设管道电缆或埋设电缆的路线状况并对各管道作出路线标志。

经过上述调查后，如发现有影响施工的各种障碍物，应提前清除。如涉及其他部门的管辖范围应征得各有关部门的同意和支持。如发现施工现场有影响施工或不能施工的情况，应及时和有关单位联系，协商解决。

对于扩建和改建工程，新的住宅竣工或旧的住宅拆迁都要增加或减少用户端，将涉及部分支线分配网的改造及部分主干线的改道。系统要不断地增加节目，需要对前端进行升级，同时也必须对传输部分进行改造，以满足扩大频道的要求。扩建和改建工程施工与新建工程类似。

3. 安装开路电视接收天线和天线放大器

接收天线安装位置设置在较高处，避开接收电波传输方向上的阻挡物和周围的金属构件，如远离大型公共建筑物、电气化铁路、高压电力线以及工业干扰等干扰源。

接收天线安装位置的信号场强可根据实际测试结果和主观视听效果综合确定。实际测试时，宜选择不少于 3 个有可比性的测试点。在每个测试点上，应测试所有频道（频率）的信号场强、频带内和频带外（邻频）的干扰场强。结合收测和观看，确定天线的最优方位后，将天线固定。

当接收信号场强较弱、反射波较多或干扰较大时，使用普通天线不能保证前端对输入信号的质量要求，可采用高增益天线、加装低噪声天线放大器或采用特殊形式的天线。天线放大器可安装在竖杆（架）上，这时天线至前端的馈线采用屏蔽性能好的同轴电缆，其长度不大于 20m，天线与馈线连接牢固，每隔 1.5m

将馈线用夹片固定,并不得靠近前端输出口和干线输出电缆。若几副天线安装在一根竖杆(架)上,两副天线的水平或垂直间距不应小于其工作波长,最低层天线与支承物顶面的间距也不应小于其工作波长。

天线与天线竖杆(架)具有防潮、防霉、抗盐雾、抗硫化物腐蚀的能力。用金属构件时,其表面必须镀锌或涂防锈漆。在竖杆(架)上调整天线时,天线应能转动和上下移动,其固定部位应方便、牢靠。

安装在室外的天线馈电端、阻抗匹配器、天线避雷器、高频连接器和放大器等均应有良好防雨措施。有关天线和天线竖杆的组装、上述部件的安装请参考各公司的安装图册。天线放大器、滤波器在保证信号强度和载噪比的条件下也可以不安装在竖杆(架)上。

4. 安装前端机房设备

前端机房的使用面积多在 $20m^2$ 以上,如果需要自制节目,可另外设置演播室和相应的节目制作用房,演播室天幕高度为 $3.0 \sim 4.5m$;室内温度夏季不高于 $28℃$,冬季不低于 $18℃$。

前端设备与控制台的安装应按机房平面布置图进行设备机架与控制台定位。机架和控制台到位后,均应进行垂直度调整,并从一端按顺序进行,几个机架并排一起时,两机架间的缝隙不得大于 3mm。机架面板应在同一平面上,并与基准线平行,前后偏差不应大于 3mm。对于相互有一定间隔而排成一列的设备,其面板前后偏差不应大于 5mm。机架和控制台的安放应竖直平稳。

前端设备(如调制器、频道处理器、混合器)一般都组装在结构坚固、防尘、散热良好的标准箱、柜或立架中,固定的立柜、立架背面与侧面离墙面净距不小于 0.8m。立架中应留有不少于两个频道部件的空余位置。

对于大中型系统可配置监视机架,用来安装大量的电视机和监视器。

前端机房和演播控制室可设置控制台,控制台可安装卫星接收机、录像机等。控制台正面与墙的净距不小于 1.2m；侧面与墙或其他设备的净距，主要通道不小于 1.5m，次要通道不小 1.8m。

在有光端机（发送机、接收机）的机房中，端机上光缆应留 10m 余量。余缆应盘成圈妥善放置。

机房内电缆采用地槽布放时，电缆由机架底部引入。布放地槽的电缆应将电缆顺着所盘方向理直，按电缆的排列顺序放入槽内，顺直无扭绞，不得绑扎。电缆进出槽口时，拐弯处应成捆绑扎，并符合最小弯曲半径要求。

采用架槽布放时，电缆在槽内布放可不绑扎，并留有出线口。电缆应由出线口从机架上方引入；引入机架时，应成捆空绑。

采用电缆走道时，电缆也应由机架上方引入。走道上布放的电缆，应在每个梯铁上进行绑扎。上下走道间的电缆或电缆离开走道进入机架内时，应距起弯点 10mm 处开始，每 100~200mm 空绑一次。

采用活动地板时，电缆应顺直无扭绞，不得使电缆盘结，引入机架处应成捆绑扎。

电缆的敷设在两端应留有余量，并标示明显的永久性标记。各种电缆插头的装设应按产品特性的要求，并做到接触良好、牢固、美观。

演播控制室、前端机房内的电缆敷设采用地槽。对改建工程或不宜设置地槽的，也可采用电缆槽或电缆架，并置于机架上方。采用电缆架敷设时，应按分出线顺序排列线位，并绘出电缆排列端面图。

电缆从房室引入引出，在入口处要加装防水罩。电缆向上引时，应在入口处做成滴水弯，其弯度不得小于电缆的最小弯曲半径。电缆沿墙上下引时，应设支撑物，将电缆固定（绑扎）在支撑物上；支撑物的间距可根据电缆的数量确定，但不得大于 1m。

机房布线除了要整齐美观外，特别需要注意防止相互干扰。

如220V电源线与信号线分开架设，不要相互平行走线；视频、音频、射频和天线馈线尽量垂直交叉等。

5. 干线安装

电缆（光缆）干线应力求线路短直、安全稳定、可靠，便于维修和检测，并使线路避开易受损场所，减少与其他管线等障碍物的交叉跨越。

室外线路敷设方式可采用架空明线或者地埋。架空明线一般都是与照明电杆、通信电杆同杆架设，也可以沿着墙壁架挂。

当用户的位置和数量比较稳定，要求电缆线路安全隐蔽时可采用直埋电缆敷设方式；当有可供利用的管道时，可采用管道电缆敷设方式，但不得与电力电缆共管孔敷设。

对下列情况可采用架空电缆敷设：（1）不宜采用直埋或管道电缆敷设；（2）用户的位置和数量变动较大，并需要扩充和调整；（3）有可供利用的架空通信、电力杆路。

当有建筑物可供利用时，前端输出干线、支线和入户线的沿线，可采用沿着墙壁敷设电缆，架挂位置要避开暖气管道或与其保持一定距离。

电缆与其他架空明线线路共杆架设时，其两线间的最小间距应符合表3-1的规定。

电缆与其他架空明线线路共杆架设的最小间距　　　表 3-1

种　类	间距（m）
1~10kV 电力线	2.5
≤1kV 的电力线	1.5
广播线	1.0
通信线	0.6

电缆在室外用电杆敷设时，必须用钢绞线和挂钩架挂，过道低的电缆用加高电杆。有些地方干线和支线可能合在一起用同一根钢绞线架挂，需注意防止两根电缆接错。电缆在两幢房屋之间架设时，钢绞线两端可用膨胀螺栓或者穿墙螺栓固定。沿墙壁爬

行的电缆可用专用电缆卡每隔 0.8m 左右固定一个。

电缆在室内敷设时，对于新建或有内装修要求的已建建筑物，可采用暗管敷设方式。对无内装修要求的已建建筑物可采用线卡明敷方式。

不得将电缆与电力线同线槽、同出线盒、同连接箱安装。明敷的电缆与明敷的电力线的间距不应小于 0.3m。

架设架空电缆时，应先将电缆吊线用夹板固定在电杆上，再用电缆挂钩把电缆卡挂在吊线上。挂钩的间距为 0.5~0.6m。根据气候条件，每一杆挡均应留出余兜。

在新杆上布放和收紧吊线时，要防止电杆倾斜和倒杆；在已架有电信、电力线的杆路上加挂吊线时，要防止吊线上弹。

架设墙壁电缆应先在墙上装好墙担，把吊线放在墙担上收紧，用夹板固定，再用电缆挂钩将电缆卡挂在吊线上。

墙壁电缆沿墙角转弯，应在墙角处设转角墙担。

电缆采用直埋方式，必须使用具有铠装的能直埋的电缆，其埋深不得小于 0.8m。紧靠电缆处要用细土覆盖 10cm，上压一层砖石保护。在寒冷的地区应埋在冻土层以下。

电缆采用穿管敷设时，应先清扫管孔，并在管孔内预设一根铁线，将电缆牵引网套绑扎在电缆头上，用铁线将电缆拉入到管道内。敷设较细的电缆可不用牵引网套，直接把铁线绑扎在敷设的电缆上。

把架空电缆和墙壁电缆引入地下时，在距地面不小于 2.5m 的部分应采用钢管保护；钢管埋入地下 0.3~0.5m。

布放电缆时，应按各盘电缆的长度根据设计图纸各段的长度选配。电缆需要接续时应按电缆生产厂提出的步骤和要求进行，连接方法有：(1) 对同种型号电缆用电缆连接头连接；对不同型号电缆用电缆专用转接头（如 -12/-7，-12/-9）连接。(2) 直接连接：把两段电缆的端头剥开，把屏蔽层和芯线分别焊接，在连接处用绝缘胶布隔开并作防水处理。

野外安装的干线放大器和分支器分配器都是压铸铝合金外

壳，防水、防潮、抗电磁场干扰，可直接悬挂在钢缆上，放大器外壳上有两个压板，松开紧固螺丝，把钢缆卡在压板的V型槽中，上紧螺丝即可。目前国内有些干线放大器需要配用专用插头插座，购买时一定要配套购买专用插头插座。干线放大器输入、输出的电缆，均应留有余量；连接处应有防水措施。

在架空电缆线路中，干线放大器安装在距离电杆1m的地方，并固定在吊线上；在墙壁电缆线路中，干线放大器应固定在墙壁上。吊线有足够的承受力，也可固定在吊线上。

在地下穿管或直埋电缆线路中安装干线放大器时，应保证放大器不得被水浸泡，可将放大器安装在地面以上。

光缆的施工应符合下列要求：敷设前，应使用光时域反射计和光纤衰耗测试仪检查光纤有无断点，衰耗值是否符合设计要求；核对光缆的长度，根据施工图上给出的实际敷设长度来选配光缆。配盘时应使接头避开河沟、交通要道及其他障碍物处；架空光缆的接头与杆的距离不应大于1m；布放光缆时，光缆的牵引端头应作技术处理，并应采用具有自动控制牵引力性能的牵引机牵引，其牵引力应施加于加强芯上，并不得超过150kg，牵引速度宜为10m/min，一次牵引的直线长度不宜超过1km；布放光缆时，其弯曲半径不得小于光缆外径的20倍。

光缆的接续应由受过专门训练的人员来操作，接续时应采用光功率计或其他仪器进行监视，使接续衰耗到达最小；接续后应安装光缆接头护套。光缆的接续详见本套丛书中《建筑广播电视系统》一书。

架空光缆敷设时端头应采用塑料胶带包扎，接头的预留长度不宜小于8m，并将余缆盘成圈后挂在杆的高处。地下光缆引上电杆必须用钢管穿管保护；引上杆后，架空的始端可留余兜。

6. 安装支线和用户线

支线可采用架空电缆或者墙壁电缆，架设方法同干线。用户线进入房屋内可穿管暗敷，也可以用卡子明敷在室内墙壁上或者放在吊顶上，每隔30～50cm用卡子固定。普通砖墙用加长钻头打孔进入室内，穿墙孔要内高外低，以防止雨水沿孔流入室内。

由于分配网络中有大量器件、部件及其附件，对它们的安装应牢固、安全并便于测试、检修和更换。应避免将部件安装在厨房、厕所、浴室、锅炉房等高温、潮湿或易受损伤的场所。分配放大器、分支、分配器可安装在楼内的墙壁和吊顶上。当需要安装在室外时，应采取防雨措施，距地面不应小于2m。

在室内安装系统输出口用户面板时，其下沿距离地（楼）面的高度应为0.3或1.5m。用户盒到电视机之间的用户线长度最好不超过3m。

工程施工除了按照 GB 50200—94《有线电视系统工程技术规范》外，还可参考《工业企业通信设计规范》中的有关规定进行。

二、避雷、接地和安全

1. 避雷

雷是一种大气中的放电现象，常常使有线电视设备损坏。雷击主要有两种："直击雷"和"感应雷"。直击雷只占雷击率的10%左右，危害范围一般较小，可使用避雷针、避雷线和避雷网来防避。危害大得多的"感应雷"占雷击率近90%，危害范围甚广，CATV系统的电子设备受雷击损坏主要是感应雷造成。

直击雷是带电云层和大地之间放电造成的。在形成雷云的过程中，某些云积累起正电荷，随着电荷的积累，电位逐渐升高，另一些云层则带负电。当带不同电荷的雷云接近到一定程度时，发生迅猛的放电，出现耀眼的闪光。

当雷云很低，周围又没有异性电荷的雷云时，就会在地面或者建筑物上感应出异性电荷，形成带电云层向地面或者建筑物放电，放电电流可达到几十甚至几百千安，放电时间为 50~100μs。这种放电就是直击雷，直击雷对建筑物和人、畜危害甚大。

安装了避雷针后，CATV系统的电子设备即使是在其保护范围之内，仍然可能遭雷击而受损。大多数都是烧毁熔断器、电源变压器、整流元件、三端稳压器，严重的还可能损坏集成块等元、器件。这说明雷击不是从天线引入的，而是从电源线引入的。可见避雷针虽保护了建筑物，却保护不了置于其内的CATV电子设备，这是为什么？这是感应雷造成的。

感应雷由静电感应和雷电流产生的电磁感应两种原因所引起，当带电的云层（雷云）靠近输电线路时，会在它们上面感应出异性电荷，这些异性电荷被雷云电荷束缚着。当雷云对附近目标或接闪器（避雷针是最早、最常用的接闪器）放电时，其电荷迅速中和；而输电线路上束缚的电荷便变为自由电荷，形成局部感应高电位。这种感应高电位发生在低压架空线路时亦可达100kV；在电信线路上可达40~60kV。而且它可以沿着线路传入电子设备，造成损害。雷击后巨大的雷电流在周围空间产生交变磁场，由于电磁感应使附近设备感应出高电压，从而使设备损坏。

专用避雷器装设在被保护物引入端，其上端接在线路上，下端接地。正常时，避雷器保持绝缘状态，不影响系统的运行。当雷电高电压袭击电力线路时，避雷器使其线路与大地连接，让雷电流迅速流入大地以后，避雷器恢复绝缘状态，系统正常运行。因此，避雷器必须有良好的接地装置与之配合。

CATV系统中的同轴电缆屏蔽网和架空支承电缆用的镀锌铁线都有良好的接地，受感应雷的机会较小，雷电最容易从电源线进入电子设备。把供电线进户瓷瓶铁脚接地，对保护电力设备和人身安全可以起到一定作用。但由于CATV等电子设备的耐受过电压的能力比电力设备差得多，因此，除必须在进户线上安装低压避雷器外，入户线要选用有金属护套的埋地电缆，或把无屏蔽的电线、电缆穿在埋地金属管中，使雷电波通入地中。电源线在进入电子设备前可绕几个圈以形成小电感，对50Hz电流没有什么影响，对阻挡雷电波侵入设备却有一定作用。

2. 系统的接地与安全

系统的安全性是首先要考核的问题。当天线或架空电缆附近产生雷击时，要在这些地方感应出很高的电压，有效的接地能及早泄掉由感应产生的电荷，同时，也可泄掉由于设备漏电而产生的对地电压，达到保护设备和人身安全目的。

(1) 天线的接地

有线电视的接收天线和竖杆一般架设在建筑物的顶端，应把所有的接收天线，包括卫星接收天线的接地端焊在一起，接收天线的竖杆（架）上应装设避雷针。避雷针的高度应能满足对天线设施的保护。安装独立的避雷针时，由于单根避雷针的保护范围呈帐篷状，边界线呈双曲线，所以避雷针高于天线顶端的长度应大于天线的最大尺寸；避雷针与天线之间的最小水平间距应大于3m。

建筑物已有防雷接地系统时，避雷针和天线竖杆的接地应与建筑物的防雷接地系统共地连接；建筑物无专门的防雷接地装置可利用时，应设置专门的接地装置，从接闪器至接地装置采用两根引下线，从不同的方位以最短的距离沿建筑物引下，其接地电阻不应大于4Ω。无论是新制作的接地线还是原建筑的接地线，接地电阻都应小于4Ω。

除天线应有良好的避雷和接地外，进入前端的天线馈线应加装避雷保护器（天线避雷器或其他快速放电装置），保护器的地要与前端设备的接地分开。

天线杆（架）的高度超过50m，且高于附近建筑物、构筑物或处于航线下面时，应设置高空障碍灯，并在杆（架）或塔上涂颜色标志。

(2) 前端设备的接地

如果在前端附近发生雷击，则会在机房内的金属机箱和外壳上感应出高电压，危及设备及人身安全。前端设备的电源漏电也会危及人身的安全。因此，对机房内的所有设备，输入、输出电缆的屏蔽层，金属管道等都需要接地，不能与屋顶天线的地接在一起，设备接地与房屋避雷针接地与工频交流供电系统的接地应在总接地处连接在一起。系统内的电气设备接地装置和埋地金属管道应与防雷接地装置相连；不相连时，两者的距离不小于3m。

机房内接地母线表面应完整，并无明显锤痕以及残余焊剂渣，铜带母线应光滑无毛刺。绝缘线的绝缘层不得有老化龟裂现象。

接地母线应铺放在地槽和电缆走道中央，或固定在架槽的外侧。母线应平整，不歪斜、不弯曲。母线与机架或机顶的连接应牢固端正。

铜带母线在电缆走道上应采用螺丝固定。铜绞线的母线在电缆走道上应绑扎在梯铁上。

(3) 干线和分配系统的接地

根据标准 GBJ79—85《工业企业通信接地设计规范》的规定，干线和分配系统传输电缆需作如下处理。

1) 市区架空电缆吊线的两端和架空电缆线路在分支杆、引上杆、终端杆、角深大于 1m 的角杆、安装干线放大器的电杆，以及直线线路每隔 5~10 根电杆处，均应将电缆外层屏蔽接地。在电缆分线箱处的架空电缆的屏蔽层、金属护套及钢绞吊线应与电缆分线箱合用接地装置。

埋设于空旷地区的地下电缆，其屏蔽层或金属护套应每隔 2km 左右接地一次，以防止地感应电的影响。

2) 电缆进入建筑物时，在靠近建筑物的地方，应将电缆的外导电屏蔽层接地。架空电缆直接引入时，在入户处应增设避雷器，并将电缆外导体接到电气设备的接地装置上；电缆直接埋地引入时，应在入户端将电缆金属外皮与接地装置相连。

3) 不要直接在两建筑物屋顶之间敷设电缆，可将电缆沿墙接至防雷保护区以内，并不得妨碍车辆的运行，其吊线应作接地处理。

4) 各种放大器、电源插入器的输入端和输出端均需安装快速放电装置，外壳需接地。

系统的其他安全防护还可参阅标准《30MHz~1GHz 声音和电视信号的电缆分配系统》中有关安全要求的规定。

第二节 系统调试

系统调试是有线电视工程的最后工序，它除了验证设计的合理性和安装的正确性外，需要对系统的各个部分分别精心调整并使各个部分达到最佳组合。调试通常由设计人员和副手一起进行。调试前应先在不通电情况下，从信号源开始到系统输出口逐一检查安装是否正确，如馈线有无接错，有无短路、开路，电源电压是否正常，接地是否良好等。还应准备好调试仪器和工具，如场强仪、万用表、改锥、钳子、电工刀、插头插座。

一、开路电视接收天线的调试

（1）用场强仪检测电视接收天线的输出电平是否符合要求，可以转动天线和调整天线高度寻找最佳场强点。

（2）用监视器或者电视机监测天线输出端电视信号质量，观察有无杂波干扰、重影等现象。如果出现不良情况，可检查连接点、改变天线位置。如果仍然有重影，应考虑其他类型天线，如水平夹角小的方向天线或背后加反射器或反射网的天线、移相天线等。

二、前端和机房设备的调试

信号源和前端是有线电视系统的中心，直接影响整个系统的质量。由于各个公司生产的前端设备多种多样，调试的要求和方法不一样，需要按照该公司的有关技术资料进行调试。

前端和机房设备的调试包括对天线放大器、宽带放大器、频道放大器、下变频器、中频处理器、上变频器、导频发生器、解调器、有源混合器、制式变换器、卫星接收机、微波发射机、光端机、滤波器、陷波器、衰减器、电源等设备的调试。根据前端设备设计组合图，检查各设备连接是否正确，各连接线有无断路、短路，各接插件是否装配良好，然后通电。

1. 前端主要调试内容

(1) 各设备的输入输出电平的调试；(2) 有源器件 AGC 功能的调整；(3) 邻频前端中的图像伴音载波功率比调整；(4) 各频道间电平差的调整；(5) 各部件最佳工作状态的调整。

例如调制器的调整应使调制度适当。调制度过大容易出现负像，调制度过小，图像暗淡，不清晰。伴音的输入调整也不能调得太大，否则会干扰邻频道图像。最简便的方法可把监视器的音量开到最大，调整伴音输入电位器至中间位置，听到声音不刺耳即可。

卫星接收机的调整应注意所接收的信号频率调整、伴音副载频的选择及带宽的选择。例如：有的卫星节目，其伴音副载频应调试到 6.6MHz，伴音去加重应调试在 J—17 上，伴音带宽选择视接收信号的强弱而定，一般当接收信号较弱时调试在窄带上，可改善伴音噪声。视频带宽的选择：IF—BW1 时带宽为 27MHz，IF—BW2 时带宽为 16MHz。变换视频带宽能够减小视频噪声。检查卫星接收机送出的信号质量，可直接用监视器。

前端系统中如有调频广播，应使其电平比电视信号低 10dB。

2. 邻频前端调试的注意事项

目前我国大多数地方都是邻频前端，邻频前端调试时应注意以下几点。

(1) 调整图像伴音载波功率比在 -17dB 左右，并使各频道一致。

(2) 调整相邻频道间输出电平差不大于 ±1dB。

(3) 确保频道处理器和下变频器的输入电平在 65~95dBμV 之间，最好是 70~80dBμV，使其 AGC 功能处于最佳工作状态。

(4) 采用的场强仪档次应高于 LFC—945（含 LFC—945，可连续调整频率）。

邻频前端出厂时一般已经统调合格，不需要再进行调节，但是根据实际情况，可以对某些调节旋钮微调。以下是某公司生产的邻频前端的调试方法：

中频调制器：调节"电平调节"旋钮，使中频输出端的图像载波电平为 92±1dBμV。

下变频器：将"AGC 开关"置于"自动"状态。

上变频器：调节"电平调节"旋钮，使射频输出端的图像载波电平为 112±1dBμV。调节"V/A 调节"旋钮，使射频输出端的伴音载波电平为 92~97dBμV，即 V/A 值为 15~20dB。

上行变频器：将"AGC 开关"置于"自动"状态。

无源混合器：调节上变频器"电平调节"旋钮，使无源混合器输出端的图像载波电平为 92±1dBμV。调节上变频器"V/A 调节"旋钮，使无源混合器输出端的伴音载波电平为 72~77dBμV。使无源混合器输出端的各个频道图像载波电平差不大于 3dB，各个频道伴音载波电平差也不大于 3dB。

监视和监听：将无源混合器输出端与监视器或者彩色电视接收机连接，要求电视机输入电平为 62dBμV 左右，调节彩电的对比度、亮度、音量、音调于适中状态，主观评价图像和伴音质量。调节中频调制器"调制器调节"旋钮，使各路信号的图像对比度基本一致；调节中频调制器的"频偏调节"旋钮，使各路信号的音量基本一致。

3. 带捷变频调制器和捷变频频道处理器前端的调试

调节之前，应将捷变频调制器和捷变频频道处理器预热 30min 以上。

（1）频道和频率设置

捷变频调制器的输出频道选择和捷变频频道处理器的输出、输入频道选择都是由对应的两个八位 DIP 开关 S1、S2 来设置的，把前面板频道盖移开，这些开关就露出来了。如图 3-1 所示。

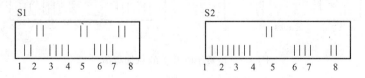

图 3-1 八位 DIP 开关

开关 S1 的 1~8 位和开关 S2 的 1~5 位的位置共同确定输出、输入频率。具体的频道拨码表可查阅产品说明书。如果需要配置非标准频率，可以是 48 到 550MHz 之中的任何频率加上 612.5MHz 之和并能被 0.25 整除的频率。如表 3-2 所示。

S1、S2 开关各位加权值 表 3-2

开关位数	开关 S1								开关 S2				
	1	2	3	4	5	6	7	8	1	2	3	4	5
开关位置上	1	2	4	8	16	32	64	128	256	512	1024	2048	4096
开关位置下	0	0	0	0	0	0	0	0	0	0	0	0	0

开关位置上 = 加权值，开关位置下 = 0。非标准频率开关设置步骤如下：

1）确定设置的频率能够被 0.25 整除。

2）计算所需要的加权开关值：设 X 是所需设置频率，Y 是各位开关加权值，则

$Y = X/0.25 + 2452$（当 $X/0.25$ 为奇数时）

$Y = X/0.25 + 2451$（当 $X/0.25$ 为偶数时）

3）设置 DIP 开关等于总的加权值。例如：

设置频率为 450MHz，$Y = 450/0.25 + 2451 = 4251$

根据加权值表，把开关位置置上位，如图 3-2 所示，S1 开关的 1、2、4、5、8 位和开关 S2 的 5 位是上位。总加权值 = 1 + 2 + 8 + 16 + 128 + 4096 = 4251

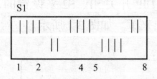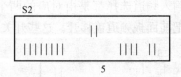

图 3-2 设置 DIP 开关的总加权值

（2）调制器的其他调整

视频箝位：当信号同步头没有畸变时，将箝位开关置于

"开";当采用同步头压缩加扰技术使得同步头不标准或者有强黑电平干扰时,将箝位开关置于"关"。

视频调制度:输入全白电视信号,顺时针旋转"视频调制度"旋钮,直到过调指示 LED 闪烁,然后略为逆时针旋转"视频调制度"旋钮,到 LED 指示刚好熄灭。

伴音频偏:输入音频峰值,顺时针旋转"伴音频偏"旋钮,直到过频偏指示 LED 闪烁,然后略为逆时针旋转"伴音频偏"旋钮,到 LED 指示刚好熄灭。

伴音载波电平:这实际上是调整图像伴音电平比。首先不要输入视频、音频信号,用场强仪(可连续调整频率)或者选频电平表测量输出端所选择频道图像载频电平,然后调谐到伴音载频,测量伴音载频电平。比较这两个电平,调整"伴音载频电平"调整旋钮直到需要的 V/A 比。

图像载频输出电平:不要输入视频、音频信号,用场强仪(可连续调整频率)或者选频电平表测量"-20dB"测试口的图像载频电平,调整"输出电平"调整旋钮,可调范围 15dB 左右。

(3) 频道处理器的其他调整

图像载波输出电平和伴音载波输出电平的调整,可以用调制器作为信号源,其方法与调制器类似。

三、干线传输的调试

1. 干线放大器调试

第 1 步,在前端机房内测试放大器。安装干线放大器之前必须对其进行通电试验,特别是对第一次使用的干线放大器。试验时可以用专门的测试仪器和信号发生器,也可以用前端输出信号作为信号源和场强仪测试,如图 3-3 所示。这是一个简单的模拟电缆衰减的测试电路,可提供 $65\sim80\text{dB}\mu\text{V}$、斜率为 $10\sim20\text{dB}$ 的信号给被测试放大器,以检查放大器是否有输出和 AGC/ASC 工作是否正常。将放大器置于"自动"状态,调整可调衰减器使被测试放大器正常工作,然后使输入电平变化 ± $(3\sim4)$ dB,如果

图 3-3　利用前端信号测试放大器

输出电平变化没有超过 ±0.4dB 则说明 AGC 正常；调整可调均衡器，使输入电平斜率变化 ±（3~4）dB，如果输出斜率变化没有超过 ±0.5dB，则说明 ASC 正常。如果 AGC、ASC 工作不正常，可能是前端没有加入导频信号或者是导频频率与被测试放大器的导频频率不一致，否则就应该考虑放大器故障。导频信号可以用导频发生器产生，也可以用图像载频作为导频信号，但是必须与放大器要求的导频频率一致。

第 2 步，安装好干线放大器后，应进行馈电调整。在集中供电前，可将各级放大器的馈电熔断器取下，从前级往后级逐级通电，用万用表测量放大器输入端交流电压是否在 40~60V 以内。全部放大器通电以后，要测量集中供电电源的输出电流是否超过了它的额定值，一般工作电流是额定电流的 70% 左右。如果电流太大而且所接的放大器个数不多，则应该逐段检查是否有短路现象，如电缆芯线和屏蔽网是否短路、接插件接触是否正常、放大器输入端是否短路等。也可以在馈电后，用可调变压器在规定范围内做升降压试验，观察集中供电设计是否有余量。此外，由于开关电源启动时有冲击电流，当逐级开通放大器时，集中供电电源可正常工作，当停电后重新供电时，电源突然降低而使放大器不能正常工作，因此有必要进行电源的通断试验。

第 3 步，开通前端，实际调整。用场强仪测量高、低端电平，确定放大器输入衰减器和输入均衡器值。如果调试时是春天或者秋天，衰减器值等于高端电平减去输入电平设计值，均衡器值等于高端电平减去低端电平；如果调试时是夏天，衰减器值等于高端电平减去输入电平设计值后还要加上 2dB 左右，均衡器值等于高端电平减去低端电平后还要加上 2dB 左右；如果调试时是冬天，衰减器值等于高端电平减去输入电平设计值后再减去 2dB 左右，均衡器值等于高端电平减去低端电平后还要减去 2dB 左右。调整输入衰减器和均衡器不能达到目的时，应继续调整放大器内级间的衰减器和均衡器。

第 4 步，进行 AGC/ASC 调整。

第 5 步，调整平坦度。很多放大器内有频率响应积累校正板，有的放大器这个部件是可选件，可按照产品说明书进行平坦度调整。

第 6 步，在调试结束后，仔细还原内盖板和外壳。注意不要带电插、拔模块。

2. 调整分配网络输入端电平

由于各种器件参数的离散性，电缆的实际长度与设计长度不一样，往往使分配网络电平过高或过低。这可以调换有些分支器的分支损耗、更改部分分配网络设计来解决。

四、分配网络调试

分配网络输入电平正常后，如果系统输出口电平差别仍较大，还可通过调整来选择不同的分支器、分配器和均衡器。在某种情况下，也可以改变电平分配线路来解决。如果分配网络中有延长放大器或分配放大器，它们的调试大体上与放大器相同，不过其输出电平要高于干线放大器。

第三节 维护和排除故障

无论什么样的系统都需要维护，好的维护能保证系统一直处于良好的工作状态。CATV 系统建成以后，一般的维护由使用单位进行。

有线电视网络技术维护包括：

1. 不定期维护

包括用户报告发生故障时，需要即时进行的维护；以及日常的经常性检修。节日或者在季节变化、刮风下雨之后需要增加检查次数。

2. 定期维护

对整个系统的机房设备、干线传输和分配网络、用户终端需要进行定时、定点的检测和调试，以获得设备性能变化的资料，作为进行系统维修和调试的依据。这类维护是规范化的工作，室外电源可每个月维护一次，内容有检查插头插座、电源线、擦拭各个触点等；干线部分可每季度维护一次，内容有检查紧固和防潮防水情况、检测放大器各个频道的工作电平、电缆外观有无异常，特别需要检查 ALC 放大器的稳定性和自动控制性能等。对无 AGC 控制的放大器，在温度变化较大时，应经常调整增益，使输出电平满足设计要求。对容易受到雨水浸泡的放大器，分支、分配器和电缆头等，若不是密封型的，则要增加防雨设施；分配网络部分可两个季度检查一次，内容有测量每个用户放大器的高中低频道电平、远端用户终端盒电平、查看有无用户乱接等。

定期维护测试点的选择可参照有关标准，也可以根据系统的大小、用户分布区域及复杂程度适当多选几个有代表性的测试点，每次测量都用这些测试点，以进行比较。对放大器测量须作好详细记录，注明温度和其它有关条件。同时可与某些用户建立质量信息反馈网。

我国有线电视台、站经常使用场强仪测量电平，考虑到测试误差，应该选择一台场强仪作为本地测试参考，其他场强仪测量值与之进行比较校正，以统一标准。最好到标准计量部门校验好场强仪再进行测量，所测电平相差 2dB 均正常。对邻频传输系统相邻频道的电平差有较严格的要求，前端变化应小于 2dB，可经常对前端输出电平进行调整。

维护人员应准备如下几类备件：

各种备份放大器，各种分支、分配器、串接单元，终端盒等，各种规格的电缆及高频接头线等。另外还有一些特殊的设备，如滤波器、专用频道放大器、变换器和调制器等，以便及时更换和代用。

CATV 系统大多数是 550MHz 和 750MHz 邻频传输系统，传送几十套电视节目和调频广播节目。节目的来源一般有 4 种：(1) 接收卫星电视节目；(2) 用天线接收空中开路电视节目；(3) 接收微波传送的电视节目；(4) 自办节目。

由于节目的来源途径多，系统传送的电视频道多、频带宽，很容易产生各种杂波干扰。干扰的来源是非常复杂的，有来自外界，也有 CATV 系统内部产生的。系统内部产生的干扰有电源稳压滤波，电气设备损坏，放大器非线性失真引起的交互调干扰等等。干扰一般通过以下几种途径产生：1）电磁波辐射，天线信号输入、输出线，电源线等都能接收或辐射干扰波；2）公共阻抗耦合，如通过电源的内阻和公共地线阻抗的耦合产生的干扰；3）电容静电耦合，这些电容往往是寄生电容，通过互感作用（如线圈或变压器的漏磁）产生电磁耦合；4）系统设备的非线性失真引起。

干扰产生的原因不同，干扰的途径不同，在画面上表现的形式也不同。它不像某种设备（如卫星接收机、调制器等）损坏那样比较容易判断，有时干扰出现在所有频道，有时则是个别频道；同是一种原因产生的故障现象，因干扰的途径不同，在画面上表现的干扰形式也不同；而在画面上同属于一种表现形式（如"滚道"），产生的原因又不相同。因此处理这类故障的方法是：①首先要区分是外界干扰，还是 CATV 系统内部产生的干扰；②要认真观察图像形状，分析判断产生的原因；③进行认真细致的检查，不忽略细节部份，因为有些故障往往是由非常小的原因引起的。

一、CATV 系统故障分析与维修

1. 系统外的故障

(1) 电视发射台接收空间信号的频道出现故障时，应先判断天线输出是否正常，天线方向是否有变动。

(2) 外界干扰一种是发生在雷雨、潮湿季节，屏幕上有杂波增加，特别是影响卫星节目、微波传输的信号和开路节目；另一种是其他电磁波的干扰，现象是在屏幕上有网纹和横条，这种干扰可直接进入天线传入系统，也可直接耦合到系统，通过选用屏蔽性好的电缆和带屏蔽的用户盒等可予以解决。外界干扰有工业干扰（包括工业电气干扰、工业机械干扰、运输车辆干扰、飞机航行干扰，汽车发动机、电车、电焊等产生的电火花脉冲干扰）；有高频设备、通信系统，广播电台谐波等产生的高频干扰；还有微波、雷达的谐波辐射、宇宙干扰等对卫星电视接收信号的影响等等。

(3) 用户电视机故障。若其他用户接收均正常，可换一台电视机接收，若效果良好，则说明是电视机故障，若效果不好，则应检查连接线、用户盒和分支器是否有短路等故障。

2. 系统故障

(1) 系统的某个片区收不到信号

若系统的某个区或某个楼收不到信号，或在屏幕上"雪花"状干扰，而其他地方均正常，说明进入这个片区的第1个放大器出现故障或电缆接头短路。

若某一户接收的图像出现"雪花"状干扰，而其他用户均正常，应检查该户的用户盒和分支器是否有短路故障。

(2) 整个系统收不到某一频道的信号

若系统的其他频道都正常，只有某一频道或某几个频道出现"雪花"状干扰，则说明系统的后端正常，而在系统的前端中，这个频道的调制器或频道处理器出现了故障。可用场强仪在前端检查该频道的电平是否正常，如果是接收空间信号，则应检查天线接收的信号是否正常，天线的方向是否改变，是否是电视发射台的故障等。

(3) 信号交流声干扰

信号交流声干扰使图像出现上下移动的水平条纹，即"滚道"。如果画面上只出现一条滚道则是电源50Hz纹波干扰，若出

第三节 维护和排除故障

现两条"滚道",那是整流后的 100Hz 纹波干扰,同属于"滚道",但在画面上表现的形状不同,产生干扰的原因也不相同。

1) 画面上出现两条水平条纹上下移动,水平条纹的宽度较窄,每条约 0.5cm,如图 3-4(a),而且该故障在系统内每个频道都出现,经过检查是前端主放大器的输出插座固定接地端的螺母松动,接地不良引起的。接地不良,在放大器的公共地线中存在着接触电阻和电感,有交流电通过时,将呈现一定的阻抗,产生交变电压降。其引发的故障有两种表现形式:一是电路工作频率低、电流较大时,地线的电阻部分起主导作用,产生电压降,造成干扰,另一种是工作电流虽不大,但电流工作频率较高时,地线的电抗将起主导作用,产生干扰。上述的情形属于前种,由放大器整流后的 100Hz 纹波电流在地线电阻上产生电压降,生成 100Hz 纹波电压窜入信号通道,与视频信号叠加在一起,导致画面上除了正常的图像外,还伴有两条水平条纹(黑带),当此纹波电压的频率与图像场扫描(50Hz)频率同步时,画面上就出现固定的水平条纹,若纹波电压的频率与场扫描频率不同步时,每一场图像上水平条纹出现的位置就不同,相对图像来说,水平条纹将沿一定的方向移动,这就是"滚道"。

2) 图像上出现两条粗而浓的滚道,上下移动,滚道宽约 2~3cm,并且伴随着图像水平下部扭曲(即又滚又扭),如图 3-4(b)。这种滚道产生的原因与上例不同,故障主要在电源部分,应着重检查电源电压,稳压滤波电路。该例经检查是机房内全自动交流稳压净化电源出故障,不能自动调节,当电网电压下降时(尤其在晚上),自动稳压电源输出电压只有 180V,由于电源电压上叠加有 100Hz 交流纹波电压,送给各级放大器的直流供电,这个纹波电压除了窜入信号通道造成滚道外,还使行扫描锯齿波受到纹波电压的调制,使之扭曲,所以产生又滚又扭的干扰。

当接地不良时,对伴音产生交流声干扰,水平的黑道慢慢地上下移动,若与电视扫描频率同步,黑道便会停留在屏幕上不移动。当系统中出现这种干扰时,应先把后端断开,看前端是否正常。若前端正常,则应逐级往后断开干线放大器和电缆插头,以确定哪一部分产生干扰,对已确认产生干扰的那一级放大器,可先把接地线断开,看是否是由于接地带来的干扰。

(4) 电火花干扰

电火花干扰在屏幕上的表现是些不规则的点,短、长线似的杂波,如图 3-4(c)。出现这种干扰时,首先要区分是系统内部产生,还是外界干扰引起。一般外界干扰是附近汽车的发动机、电车、电钻、电焊等产生的火花放电,火花形成电磁场辐射到空间,成为干扰源。火花干扰的频谱很宽,它包括了电视的接收频带。对于外界干扰可选用方向性强、前后比好的天线,将天线的接收方向尽可能避开干扰源,或对附近固定的干扰源采取措施,或在选址时加以考虑。如若是系统内部产生的,应着重检查电源插座接触是否良好,电源接线是否牢固,机房内的电器设备包括风扇、照明设备、空调等有否打火现象等等。杂波出现是一阵阵随机发生的,当有干扰杂波时,系统各频道都发生,自办节目(放录像)也有干扰。从自办节目也受干扰来分析可以说明这一干扰不是从天线接收来的,而是来自机房内部,经过仔细检查,发现是机房电源总闸刀开关内部接熔断器的部位螺丝已被烧焦,与熔断器的接触不良,产生跳火,干扰通过电源窜入,所以各频道都发生。因跳火是一阵阵随机发生的,所以杂波也是一阵阵出现。更换电源闸刀开关,杂波干扰消失。

(5) 交扰调制干扰

交调干扰在画面上表现为白色竖直条带向左或向右移动,象汽车挡风玻璃上的雨刷,即"雨刷"干扰,如图 3-4(d)。严重时在屏幕上还可以看到干扰图像的背景或另外一个台的图像。

交调是由系统内部放大器的非线性失真引起的,是所接收频道载波受到其他频道调制波的调幅的缘故。一般来说,交扰调制波的调制,对于高电平的包络(调制波)以同步头电平最高,因而首先是同步头的转移调制,在画面上表现为白而宽的条带向左或向右移动,当干扰电平更高时,图像部分才起作用,因而可在

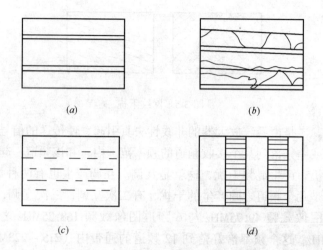

图 3-4 画面上出现的几种干扰现象
（a）上下移动水平纹；（b）上下移动滚道；
（c）不规则点划线；（d）雨刷干扰

屏幕上看到干扰图像的背景。由于交调与放大器的非线性失真有关，非线性失真又与放大器的输出电平有关，放大器的输出电平提高 adB，交调变坏 $2a$dB，另外，交调还与系统传输的频道数有关，频道愈多，产生交调的可能性就愈大。因此出现交调时，应检查前端设备中放大器和干线放大器的输出电平是否太高，应把高于设计指标的频道电平降下来。为了保证交调指标，应该严格按照技术说明书规定调整各点电平和降低放大器的输出电平，此外，应检查放大器本身性能是否良好。

（6）网纹干扰

这类干扰在系统中最为常见，情况也比较复杂，在屏幕上的表现是呈现出网状条纹或弯曲细波纹、网纹，不规则斜纹等，称为"网纹"干扰，如图 3-5。引起这种干扰杂波有两种可能：一是外界干扰，如广播电台调幅寄生高次谐波干扰；调频电台倍频干扰（如调频 88MHz 的二倍频 176MHz 落在电视 7 频道 175～183MHz 频带内）；通信电台干扰，还有高频设备及邻近频道干扰

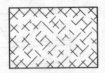 

图 3-5　网纹干扰

等等。二是由系统放大器的非线性失真引起，使传送的信号产生和频或差频落到某个接收频道的频率范围内，和该频道一起进入接收机，产生混频干扰，这就是互调。互调产生也有两种情况。一种是几个频道之间产生的干扰，有二次互调，三次互调，如 1 频道图像载频 49.75MHz 与 6 频道图像载频 168.25MHz 之和为 218MHz，这个频率恰好落到 12 频道的通带内（215～223MHz），它与 12 频道图像载频 216.25MHz 之差就产生 1.75MHz 的视频干扰，这种干扰是二次互调产物；又如 1 频道图像载频（49.75MHz）与 5 频道图像载频（85.25MHz）之和（135MHz）再与 3 频道图像载频（65，75MHz）之差产生 3.5MHz 的视频干扰，这种是三次互调的产物。另一种是同一频道内的图像载频、伴音载频和色副载频 3 者产生的干扰，称为"三音互调"。

排除"网纹"干扰故障，首先要区分是外界干扰还是系统自身产生互调。这时可以去掉电视信号，由信号发生器送入标准图像信号，若干扰杂波消失，说明是外来干扰，可以根据具体情况分别在前端输入端采用调频陷波器、频道陷波器，频道带通滤波器等加以消除。若送入标准图像信号后还有网纹，说明是系统本身产生互调，应调小放大器的输出电平，输出降低 adB，互调下降 adB；或者是放大器、调制器等设备性能不良产生的，应更换。对于邻频传输前端还要注意如下几点：①设备器件要严格要求，频道选择性要好，要有良好的带外衰减特性，带外寄生抑制应大于 60dB，并且有严格的残留边带特性和对强信号有较强的抗干扰能力。②要有严格的 V/A 比，一般伴音载频电平比图像载频电平调低 17dB，以防伴音干扰图像。③放大器要有大的

AGC 控制范围，按国标规定输入电平变化 ±10dB，输出电平变化应在 ±1dB 范围内，而在大型 CATV 系统中仍感不足，力求达到输入电平变化 ±20dB，输出电平应在 ±0.5dB 范围内变化。④各频道输入电平基本相当，相邻频道电平差≤3dB。

干扰频率越靠近图像载频，网纹干扰条纹越粗，其原因如下：

1) 放大器输出电平过高，造成各个组合互调分量过大。为了消除互调，在前端输出电平正常的情况下，要保证各个干线和支线放大器输出电平符合要求。首先应检查前端，前端设备中的调制器和频道处理器的带外寄生输出是造成干扰的主要原因。有些设备屏蔽性能较差，混频用的本振信号大部分由晶振倍频获得，工作一段时间后，有的可调电容或电感参数发生变化，使原来满足要求的带外抑制指标变得超标而造成对其他频道的干扰。检查时可逐个去掉各个频道的电源，系统网纹消失，则应对相应设备进行修理。

2) 同频干扰。空间信号经过频道处理器后虽然仍输出该频道，但频率已与原频率不完全一样，其频率差在接收机中就形成了水平的条纹干扰。解决方法是在频道处理器中使下变频器和上变频器共用一个本振信号。

3) 邻频干扰，在屏幕上表现的也是网纹干扰。其主要原因是相邻频道电平差太大，在接收机高频头内产生互调。此时应对前端电平进行调整，把前端各个频道的输出电平差都控制在 1dB 内。

4) 一些邻频系统在使用一段时间后，在个别频道会出现一些网纹，时有时无，这是由于某个频道的频率发生了漂移的缘故。若去掉某个频道的电源或输出后网纹消失，则可判定频率产生了漂移，应修理该频道插件。

5) 输入电平过高产生的干扰。其干扰有两种：一种是在接收某频道信号时，输入信号电平过高，使频道处理器的 AGC 控制能力超出动态范围，产生网纹干扰、图像扭曲，这时应将输入信号先经过衰减后再进入前端,另一种是在接收空间信号时,接收的信号比较弱,而邻近频道的信号却很强,致使频道处理器的输入频道滤波器不能把这个强信号进行大幅度抑制,造成高放级失真,产生互调或交调干扰,形成网纹式的"雨刷",这时应在输入端外加频道滤波器,使其经过滤波后再进入前端设备。

(7)"雪花"干扰

在整个屏幕上出现像雪花般的密集的亮点,叫"雪花"干扰。在服务区内常常是在某些用户出现这种现象,在某些频道出现这种现象。这是用户系统输出口电平过低,没有达到规定值引起的。

(8)系统连接造成的故障

1)芯线断开,高端电平明显降低,低端电平变化不明显,高频道的图象信号弱,雪花干扰大,低频道的图象基本正常。如果电缆芯线接触不良,特别是在一些接触点出现氧化、腐蚀后对于频率较高的信号耦合能力较强就能通过,频率较低的信号耦合能力较弱就难以通过,而造成低端电平明显降低,高端电平变化不明显的故障。

2)电缆屏蔽层断开,低端电平明显降低,高端电平变化不明显,低频道的图象信号弱,雪花干扰大。电缆屏蔽层部分断开,阻抗发生变化不再匹配,产生反射波,多次反射后,可使某个频道电平大大下降。

3)芯线和屏蔽层相连,使低端电平明显降低,高端电平变化不明显。由于前面某个部位有短路造成的,一般发生在用户盒或分支、分配器中。只接芯线时,相当于一根长长的天线接在上面,还可收到一部分空间的电视信号,在全部插好以后,相当于接地短路,反而收不到图象信号。

4)天线的馈线处若接不好,输出电平会不稳,电平经常发生漂移,图象清晰度便下降。

(9)在某一频道上出现细丝干扰带

在前端的某一频道上(该例发生在11频道上)出现有如图

3-6（a）所示的干扰带，干扰带宽约两寸。经检验是主放大器输出电缆头（75-9头）接触不良，使外壳螺母松动，造成接地不良，高频信号在地线的电抗上产生电压降，这个高频干扰电压的频率落在哪个频道的频带内，就窜入那个频带，叠加在正常图象信号上而成干扰带。拧紧电缆头螺母，干扰带消失。

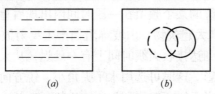

图 3-6 细丝干扰和左重影
（a）细丝干扰；（b）左重影

（10）重影

重影是由于电视信号经过不同路径到达电视机造成时间有先后而产生的。重影可分为左重影图 3-6（b）和右重影图 3-7（a），又称前重影和后重影，前者出现在图象左边，后者出现在图象右边。

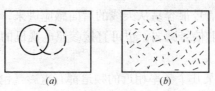

图 3-7 右重影和芝麻状干扰
（a）右重影；（b）芝麻状干扰

1）左重影

一般在强场区，由于电视机直接收到电视台的发射信号比经过 CATV 系统传来的同一频道信号超前，所以在屏幕上产生左侧重影（重影在图象左边）。解决办法：A，加强系统的屏蔽，提高强场区用户的电平，选屏蔽型和屏蔽性能好的用户盒。B，有线电视频道避开开路频道或不安排这个频道。C，检查各个连接点的匹配情况。系统中某些频道（有时是调制信号的频道），在使用时也会出现明显的重影，这是由于这些频道设备使用的声表面波滤波器的接地不好所致。声表面波滤波器插入损耗较大，时延为 4~5μs，若接地不好，会造成一部分信号直通，使整个电视行扫描时间为 64μs，去掉消隐期 12μs，电视某一行正程为 52μs。这种重影的超前位置约占整个屏幕的 10%。

2) 右重影

若某一系统的某个频道在一段时间内出现后重影，产生原因为：A，由于高大建筑物、山坡等阻挡产生反射波，反射波与电视台的直射波到达接收天线时间上有一延迟，从天线接收下来的信号就产生重影。这时可选用水平夹角小，锐方向性、前后比大的天线或抗重影天线。B，系统内有很多连接点，有的连接点阻抗不匹配。由此也会产生重影，此时应着重检查系统的各个环节有否失配。如检查干线、分支线等有否开路、短路现象，分配器、分支器的空口有否接负载电阻，电缆线有否发生形变使阻抗发生变化或电缆线劣质，实际阻抗与标称阻抗（75Ω）是否相差太大等等。若重影长时间不消除，则要检查接收天线周围是否新建了高大建筑，特别是在天线背后。因为天线的后瓣没有多大抑制能力，反射信号很容易从天线的后面感应进来，可重新调整天线方向，使反射信号减弱，也可直接参照电视机的接收效果进行调整。

若系统的某几个频率相近的频道都有重影（包括自办节目），则是由于系统的不匹配造成的。有时系统在投入使用时没有发现重影，但在某段电缆中插入一个分配器或分支器后系统的某几个频道就形成了重影。

(11) 屏幕上出现芝麻状的干扰杂波

在前端监视器的屏幕上出现黑色或白色芝麻状的三角杂波，如图 3-7 (b)。一般由下面几种原因引起。

1) 卫星接收天线没有调准，尤其在台风、暴风雨之后，抛物天线会被强风吹偏了而离开中心波束，应重新调整抛物天线；或者是高频头性能不良，应予更换。

2) 卫星接收机对所接收频道的频率调谐不准确，应重新微调,使图像最佳、杂波最少。有些卫星接收机如东芝 TSR-4,可使用 IF-W(带宽)选择键,变换 IF-W 能够减小视频噪声。

3) 当卫星运行到太阳和接收站之间并处于同一直线时,接收站的抛物天线对准卫星的同时也对准了太阳,此时太阳光引起的射电噪声大大增加,电视信号受到严重的干扰,画面上布满了如图 3-7(b)所示的杂波,这种太阳干扰现象称为日凌。日凌发生在春分秋分前后数日内,与受干扰的大小,天数和持续时间的长短及接收站的地点、天线口径有关,这是人力无法克服的。

二、前端指标不满足要求,在图像上的反映

目前,对我国大部分地区使用的前端设备的参数进行测试比较困难,可通过屏幕的现象来定性判断一些故障。

(1) 色亮度时延差不满足要求。国标规定的色亮时延差 $\leqslant 100\mu s$,若达不到这项指标,则会出现嵌色不准的现象,影响图像的清晰度。

(2) 微分增益不满足要求。色度信号的幅度在不同的亮度电平上发生了变化,色度信号的幅度变化导致色饱和度发生变化。这样,在屏幕的亮度发生变化时,图像的色饱和度也要发生变化,亮电平时的红色在暗电平时可能变为浅红或深红,造成失真。

(3) 微分相位不满足要求。色度信号的相位在不同的亮度电平上发生了变化,色度信号相位变化导致色彩发生变化。这样,在亮度电平发生变化时,图像的颜色也要发生变化,造成失真。

(4) 频率特性变差。频率特性变差,会造成图像的清晰度下降,轮廓不分明。有的设备在使用了一段时间后才发现清晰度下降,可能是输出滤波器的可调电容或固定电容发生了变化,导致频率特性发生了变化。视频信噪比和高频载噪比不满足要求,调制器的视频信噪比和频道处理器的高频载噪比不满足要求,在屏幕上反映出底部出现噪声,这时只能对设备进行修理。

(5) 低频信噪比不满足要求。若设备不具有视频箝位能力,

对低于行频的干扰,特别是对电源 50Hz 的干扰便去不掉,多个频道组合时,容易出现交流 50Hz 的串扰,使系统的哼声调制不能满足要求,在检查时可先把后端断开进行观察,若屏幕出现水平黑道,则可判定是由于前端电源串扰引起的干扰,解决方法是使前端接地良好,在必要时应与电网的地分开接入,然后在前端柜中把干扰的频道换一个安装位置,最好是调制器具有箝位能力,电源的纹波符合要求。

(6) 伴音失真度不满足要求,造成伴音失真,听起来有"走音"的感觉。

(7) 伴音调频信噪比不满足要求,听起来有明显的噪声。对于有伴音锁相的机器,这项指标更重要。

其他常见故障如:

60V 集中电源供电器损坏,致使某几级干线放大器所带动用户区域信号全无,检查这几个干线放大器的集中供电电源熔断器均断开。

线路放大器的供电,最好采用稳压以后分段集中供电。地电压对电源的影响较大,也比较复杂。如线路中的某个放大器可能因该段地电位变化,使供电电压变得很高,经常烧坏熔丝管,若采用带稳压的分段集中供电,就不会出现这种情况。

射频前端调制器、解调器损坏。机房内彩电监测出某频道节目中断,检查该频道调制器输入端视频音频输入正常,但其输出端用场强仪测量无输出,可判定调制器损坏或输入输出接头连接不好;如果调制器输入端视频音频输入不正常,可检查其输入信号源部分,如调制器接有解调器,则判定解调器故障。

第四节 系统测试和验收

有线电视系统测试和验收的根据是以下标准:GY/T121—95《有线电视系统测量方法》;

GB50200—94《有线电视系统工程技术规范》,SJ2846—88

第四节 系统测试和验收

《30MHz～1GHz声音和电视信号电缆分配系统验收规则》，GBJ—89《民用建筑共用天线系统工程技术规范（标准草案）》（供参考）。电磁兼容性、安全接地、防雷、防触电及防火措施应符合国家其他有关标准。

验收前准备好以下文件：

1. 技术资料　包括技术说明书，播出频道配置和节目安排数目，开路信号场强，系统输出口的测试电平和数量，干线距离，调试记录，信号干扰、反射与阻挡，与土建工程同时施工部分的施工记录，主观评价打分记录。

2. 图纸　包括前端图（含测试点位置和电平），干线和支线图（含测试点位置和电平，光缆传输和电缆传输），标准层平面图，管线位置图，用户电平分配图，天线位置和安装图。

3. 测试仪器名称、测试方框图、测试数据记录、测试人和测试时间。

4. 设备、器材汇总表。

在有线电视工程完工以后，对工程施工质量进行检查，对图像和声音质量主观评价，用仪器测试各项指标进行客观评价。测试参数，见表3-3。

系统验收需要测试的参数和频道　　　　表3-3

项　目	测 试 要 求
图像和伴音电平	所有频道
载噪比	至少8个频道（550MHz系统）
交扰调制比	频段内互调较严重的频道
载波互调比	频段内互调较严重的频道
载波交流声比	至少8个频道（550MHz系统）
载波组合三次差拍比	实际播出频道数
频道内频率响应	任一频道
色度/亮度时延差	测自办节目和卫星频道
微分增益、微分相位	测自办节目和卫星频道

第五节　检查施工质量

检查内容有：

1. 提供所采用产品、器材的说明书和合格证。
2. 天线　接收天线的位置要尽可能远离噪声源，与电力线、高压线保持一定距离，天线和电视台之间不应有遮挡物。多副天线的上下、前后、左右排列应符合图纸要求。天线应牢固可靠，不得松动，天线与馈线应采用焊接连接，接头处应采取防锈蚀措施。天线引下线进墙处应作防水处理。
3. 前端　前端设备和部件的外观应完好无损、排列整齐、安装牢固，各部件间的连接正确、可靠。连接线缆布线整齐，有识别标记。
4. 传输分配网络　检查架空敷设的吊线安装质量；接地质量，架空光缆、电缆高度及其与建筑物、电力线、通信线、道路间的距离；光缆、电缆穿越道路时的措施；光缆、电缆布线的平直度和弯曲半径；电缆接头与穿墙孔的防水处理；放大器和分支、分配器的固定及接线是否可靠，室外安装设备的防雨措施，空位头是否终接 75Ω 负载；是否易于维护，用户终端是否具有隔直流电路，系统是否安装有避雷器和避雷地线。

分项目打分，满分 100 分，要求各项目总分 80 分以上。

第六节　电气性能的客观评价和测试

电气性能的客观评价是指用仪器测量电性能参数，首先根据系统具体情况确定测试点数量和测试点位置、测试项目。

在每 1,000 个用户终端中应有 3 个以上测试点，测试点应选在系统最远端的用户放大器后面、放大器级联数最多的干线、用户密集区域以及干扰影响最大的具有代表性的位置。

在标准 GY/T121—95《有线电视系统测量方法》中，规定了系统测量参数和项目，测量方法，测量仪器和仪器连接。

这个标准主要是对射频参数的测量，例如图像和伴音载波电平、载噪比、频率响应、载波组合三次差拍比、交扰调制比等。对视频参数的测量只有微分增益、微分相位、色度/亮度时延差，它们都是通过标准解调器将射频信号解调为视频信号后用视频分析仪器测量的。视频信号源要求用专门的信号发生器。

一、测试项目

射频参数测量项目有：

1. 信号频率准确度和稳定度。使用仪器如频谱分析仪、频率计。
2. 信号电平。用场强仪测射频电视信号电压时，测出的是同步头的载波电平，以 $dB\mu V$ 表示。也可用频谱分析仪测量。
3. 邻频道载波及伴音电平。
4. 载噪比。用频谱分析仪测量。
5. 交流声。用频谱分析仪测量。
6. 非线性失真。测量时，信号源的频道数等于系统设计的最大电视频道数，但是，要关掉被测量频道的调制波。使用多频道信号发生器和频谱分析仪。如没有多频道信号发生器，可输入实际播出频道。
7. 信号的辐射和干扰。用标准接收天线和场强仪测量。
8. 系统输出口的相互隔离度。
9. 数据传输的回波值和时延差。

视频参数测量项目有视频信号电平、线性失真（如色度/亮度增益差、行时间失真、群时延）非线性失真（如微分相位、微分增益）、信噪比。

需要配备两类测量仪器：一类是作为信号源的测试信号发生器；一类是评价系统响应的的波形监视器和失真示波器。

二、系统测试仪器

为了保证系统测量的准确度,系统检验用的测试仪器的精度应比系统参数的要求至少高 1 个数量级。使用最多的仪器是:

1. 场强仪。场强仪可测量信号发生器输出电平、录像机载波输出、前端输出的伴音和图像电平、CATV 用户终端电平等。还可测量器件参数,如分配器的分配损耗、输出隔离度、频响,分支器的插入损耗和分支损耗;衰减器(或电缆)的衰减量,放大器的增益。在要求不高的场合,场强仪可以用来测量天线增益、天线方向图。如测量空间场强需要采用标准测量天线。

2. 频谱场强仪。这种仪器是目前我国有线电视使用较多的一种测量仪器,主要用于测量频道电平、图像载波电平、伴音载波电平、载噪比、交流声(哼声干扰 HUM)、频道和频段的频率响应、图像/伴音比。便携式频谱场强仪重量约 1kg,体积约为 $270 \times 100 \times 78 mm^3$,具有小型液晶显示屏,能提供背景照明,有十多个按键供使用者操作。

3. 频谱分析仪。频谱分析仪的型号很多,有广泛的用途,也适用于有线电视系统测试,如泰克 2714 频谱分析仪有一个有线电视测试用的操作菜单,其中包括:频道选择(Channel Selection)、载波幅度/频率(图像和伴音载波的电平差和频率间隔)、载噪比(Carrier—to-Noise)、哼声/低频干扰(HUM/LFD)、组合三次失真/组合二次失真(CTB/CSO)、交扰调制(Cross—Mod)、系统频率响应(System Frequency Response)和调制深度(Depth of Modulation)。此外,还具有一些辅助功能,如:可观察行方式、场方式或活动图像的视频调制,可观看电视图像、听电视伴音。

4. CATV 专用测试仪。如美国韦夫特克公司 CATV 专用测试仪包括 3ST 和 3SR。3SR 设有扫频信号源部分,能够测试有线电视系统主要参数;3ST 具有 3SR 全部功能并且包括 5~1000MHz 扫频信号源。3SR 能够测量图像载波和伴音载波的频率和电平、载噪比、CSO、CTB、HUM、图像伴音比、调制深度、频率响应、不平坦度等。

5. 常用光测试仪器有可见光源、光功率计、光时域反射计、光衰减器,其他还有光谱分析仪、光纤色散特性测试仪、光反射损耗测试仪等。

第七节　电气性能的主观评价

在各个频道正常工作的情况下,采用标准信号发生器或者其他高质量信号源播出,用统一的彩色电视机(如20英寸彩色电视机)在系统输出口接收,在离电视机约6倍屏幕高度的地方进行观察,对每个频道的图象和声音都要细心观看和收听,评价人员包括专业和非专业人员,至少有5个人进行独立的打分,5级记分制,然后取平均值,4分或5分为合格。主观评价项目和标准如表3-4和表3-5。

系统图象质量主要评价标准　　　　　　　　　表3-4

损伤程度	等级	相应的视频信噪比
察觉不到杂波和干扰	5分(优)	44.7dB
可察觉、但不讨厌	4分(良)	34.7dB
有点讨厌	3分(中)	30dB
讨厌	2分(差)	27dB
很讨厌	1分(劣)	21dB

系统图象质量的主观评价项目　　　　　　　　表3-5

项　目	没有达到标准所出现的现象	标　准
载噪比	图像中有无杂波(即"雪花干扰")	43dB
电视伴音和FM的声音质量	背景有无噪声,如嗡嗡声、蜂声和串音等	41dB
载波交流声比	图像中有无上下移动的水平条纹(即"滚道")	46dB
交扰调制比	图像中有无移动的垂直或倾斜的图案(即"串台")	46dB

续表

项 目	没有达到标准所出现的现象	标 准
载波互调比	图像中有无垂直、倾斜或水平条纹	57dB 单频，57dB 频道内
回 波	图像有无重影	7%
色度/亮度时延差	图像中有无彩色和亮度没有对齐（即"彩色重影"）	100ns

总结：上述内容包括工程施工，前端、干线、分配网络的调试，故障产生原因及其排除。施工中须特别注意人身安全和保证接地电阻等于或小于 4Ω。

在调试部分，分别对开路电视接收天线、邻频前端和组成它的各种部件、干线放大器、分配网络的调试作了普遍介绍，尽管所采用的设备不一定相同，但调试内容和方法一样。

在故障排除部分的那些故障很多是由系统设计不当所造成的系统性故障，实际上的故障是形形色色的，既有外界干扰造成的故障，也有内部器件、设备损坏出现的故障，既有短时间的故障，也有长时间的故障。因此，重点是怎样排除网纹干扰、交调干扰、"雪花"干扰。

建设有线电视网的最后阶段是由专家和领导部门检查施工质量、复查技术资料和图纸、用仪器测试系统性能。如果验收不合格，可再次调试和整改，再次验收。用仪器测试较准确客观，适用于大、中型系统的验收。所用测试方法、测量仪器和测试连接图详见国家标准。对于小型系统则是用普通场强仪测量系统输出口电平和主观评价系统性能即可。

第四章　安防工程质量通病防治

　　安防系统是现代建筑中保障人员和财产安全的重要环节，随着科学技术的飞速发展，现代建筑对保安系统提出了越来越高的要求，保安系统本身的应用范围也在日益扩大，已从基本的人身、财产的安全保证，扩大到文件、资料、图纸、计算机系统的安全保护。另外，现代化智能建筑中，设备繁多、人员庞杂，对保安系统的多层次、立体化要求也显得尤为重要。

第一节　概　述

一、安防系统的应用范围

　　1. 外部侵入报警

　　外部侵入是指无关人员从外部侵入建筑物内，如从门、窗、通风道等。遇有侵入发生，报警装置即应自动发出信号。报警系统可以由电气开关触发，也可由雷达、超声波、红外线装置或其他类型传感器触发。

　　2. 区域探测报警

　　区域探测是安防系统应提供的第二层次保护。包括监视是否有人非法闯入一定区域，还包括利用传感器探测蒸气压力变化、水渗漏、温度突变、危险气体泄漏等，发生意外时即刻报警。

　　3. 重点目标防护

　　这是安防系统提供的第三层次保护，通常设置在特别重要的物品、设备与场所，如文物、档案、艺术品、保险柜、控制室、计算中心机房等。

二、安防系统的组成

初始的保安是由人来完成的,现代化大楼内的保安也可以通过增加保安人员来加强保安效果。但增加人员一方面要大量增加费用;另一方面,人终究不能像机器一样始终如一地坚持原则。所以现代化大厦的安防系统,应当尽量降低对人员的需求,而以机器代之。目前,根据防卫工作的性质,智能建筑的安防系统可以分为如下3个部分:

1. 出入口控制系统

出入口控制就是对建筑内外正常的出入通道进行管理。该系统可以控制人员的出入,还能控制人员在楼内及其相关区域的行动。过去,此项任务是由保安人员、门锁和围墙来完成的。但是,人有疏忽的时候,钥匙会丢失、被盗和复制。智能大厦采用的是电子出入口控制系统,可以解决上述问题。在大楼的入口处、金库门、档案室门、电梯等处可以安装出入口控制装置,比如磁卡识别器或者密码键盘等。用户要想进入,必须拿出自己的磁卡或输入正确的密码,或两者兼备。只有持有有效卡片或密码的人才允许通过。采用这样的系统有许多特点:

(1) 每个用户持有一个独立的卡或密码,这些卡和密码的特点是它们可以随时从系统中取消。卡片一旦丢失即可使其失效,而不必像使用机械锁那样重新给锁配钥匙,或者更换所有人的钥匙。同样,离开一个单位的人持有的磁卡或密码也可以轻而易举地被取消。

(2) 可以用程序预先设置任何一个人进入的优先权,一部分人可以进入某个部门的一些门,而另一些人只可以进入另一组门。这样使你能够控制谁可以去什么地方,还可以设置一个人在一周里有几天、一天里有多少次可以使用磁卡或密码。这样就能在部门内控制一个人进入的次数和活动。

(3) 系统所有的活动都可以用打印机或计算机记录下来,为管理人员提供系统所有运转的详细记载,以备事后分析。

(4) 使用这样的系统,很少的人在控制中心就可以控制整个大楼内外所有的出入口,节省了人员,提高了效率,也提高了安防效果。采用出入口控制为防止罪犯从正常的通道侵入提供了保证。

2. 防盗报警系统

防盗报警系统就是用探测装置对建筑内外重要地点和区域进行布防。它可以探测非法侵入,并且在探测到有非法侵入时,及时向有关人员示警。另外,人为的报警装置,如电梯内的报警按钮、人员受到威胁时使用的紧急按钮、脚跳开关等也属于此系统。在上述3个防护层次中,都有防盗报警系统的任务。譬如安装在墙上的振动探测器、玻璃破碎报警器及门磁开关等可有效探测罪犯从外部的侵入,安装在楼内的运动探测器和红外探测器可感知人员在楼内的活动,接近探测器可以用来保护财物、文物等珍贵物品。探测器是此系统的重要组成部分,目前市场上种类繁多。另外,此系统还有一个任务,就是一旦有报警,要记录入侵的时间、地点,同时要向监视系统发出信号,让其录下现场情况。

3. 闭路电视监视系统

闭路电视监视系统在重要的场所安装摄像机,它为保安人员提供了利用眼睛直接监视建筑内外情况的手段,使保安人员在控制中心便可以监视整个大楼内外的情况。从而大力加强了安防的效果。监视系统除起到正常的监视作用外,在接到报警系统和出入口控制系统的示警信号后,还可以进行实时录象,录下报警时的现场情况,以供事后重放分析。目前,先进的视频报警系统还可以直接完成探测任务。

出入口控制系统,防盗报警系统和电视监视系统由计算机协调起来共同工作,组成了大厦的安防系统,来完成大厦的安防任务。

三、智能大厦安防系统的基本框架

随着计算机网络的广泛应用，现代化建筑中的安防系统已不是一个弧立的系统，见图4-1。

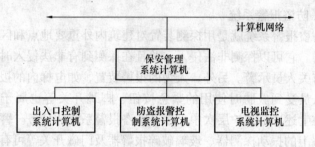

图 4-1 安防系统框图

描述了安防系统的基本框架，门禁系统、防盗系统和监视系统的有机组合，并通过系统主机与计算机网络相连接。

这样的建筑物内部安防系统扩展一步即可组成区域性的安防系统，而区域之间还可组成更为广泛的安防系统。

图4-2是一个基本的综合安防管理系统结构图。其中系统主机位于楼宇管理系统的网络层，现场信息可以通过楼宇管理系统网络接口传送给系统中央管理工作站，同时通过安防管理系统的各种外设输出。

数据处理器位于安防管理系统局域网络层，与智能分站直接进行实时数据交换和处理。

当系统设备运行状态发生变化或分站发生故障时，状态信息立即送到安防管理系统主机。本网络层也可与楼宇管理系统局域网联网，并通过远程网络控制器（RNC）、采用普通电话线路连接远程通信设备，实现远程数据通信。智能设备接口通过RS232串行方式与其他的独立系统和智能设备（如内部通信系统、闭路电视系统、火灾报警系统、冷水机组等）相连接。

智能分站可支持现场传感器、探测器及采用现场总线的智能

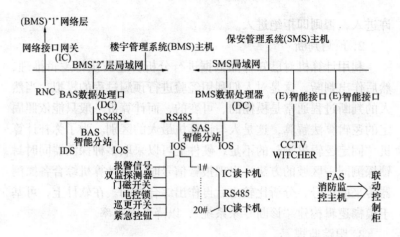

图 4-2 综合安防管理系统结构图

卡读卡机;也可提供逻辑联锁控制技术,控制出入口控制装置;还能将状态变化信息通过系统网络接口上传至楼宇管理系统的数据服务器。

智能卡读卡机监控出入口,防止未经授权者进入安防区域。正常情况下,读卡机向智能分站传送全部允许进入、拒绝进入及非法闯入报警信号。安防管理系统主机发出的控制命令也可传送给读卡机执行。

四、安防系统智能化

以计算机为核心的安防系统,能够快速存储和处理大量信息,这为安防系统智能化提供了可靠的基础。所谓智能,即要求系统不仅要延伸人的体力,还要求系统能够扩展人的智力。安防系统智能化表现在如下几方面。

1. 观测识别

在某些重要场合,如贵重物品库、金库等,只允许少数人出入,这时可采用指纹或眼底视网膜图像识别设备实施出入控制。首先将允许出入人员的特征信息存入计算机,当某人到来时,要求其进行特征输入,由计算机系统采集和比较,数据符合时即允许进入，否则即拒绝进入。

2．预测判断

利用计算机对已知样品数据进行分析，进而执行逻辑推理，然后作出判断，这是对人们利用经验进行预测过程的模拟。当然人的判断过程通常是模糊的、可变的，而计算机一般只能依照固定的逻辑算法解算，这是人与计算机最大的区别。为了弥补计算机"固定逻辑思维"的不足，硬件上可以采取多种探测器同时封锁探测同一区域的方法，出现报警信号时，由计算机综合各探测器传来的信号，分析比较之后再作出综合评判。在软件上，可基于模糊逻辑构建"诊断专家系统"，以降低误报率。

3．跟踪监视

报警系统与闭路电视监视系统相结合，可实现对目标的自动跟踪监视。在建筑物内，将探测器和监视摄像机适当布置，一旦某区域发出报警信号，即将该区域图像切换调入到主控监视屏幕上，并使探测器与摄像头同步跟踪目标。

4．自动调度

当有异常情况出现时，保安系统合理地自动调度设备、应付突发事件，属于系统自动调度功能范畴。如巡更系统未按预定时间发回信号或发回的信号次序有误，系统即要自动启动相应区域的摄像机、录像机进行拍摄、录制，还要对有关的探测器自动检测，同时提供处理方案供保安人员参考。

第二节　安防工程质量分析

安防工程质量问题，由于设计和施工的原因，常发生在入侵报警工程的布线，入侵探测器的安装，报警控制器的安装，电视监控工程的电缆敷设，光缆敷设，前端设备的安装，中心控制设备的安装，供电与接地等诸多方面。

一、入侵报警工程布线

入侵报警工程布线的质量问题，如下：
1. 导线过长；
2. 管内和槽内穿线不合理；
3. 导线接头连接方式不对；
4. 混杂穿线；
5. 不能合理采用分线盒；
6. 管线接口没有密封处理；
7. 管线两固定点之间距离过大；
8. 绝缘电阻不符合要求。

二、入侵探测器的安装

1. 室内被动红外探测器安装不符合要求；
2. 主动红外探测器的安装不符合要求；
3. 微波－被动红外双技术探测安装不符合要求；
4. 声控－振动双技术玻璃破碎探测器安装不符合要求；
5. 磁开关探测器安装不符合要求；
6. 电缆式振动探测器安装不符合要求；
7. 电动式振动探测器安装不符合要求。

三、报警控制器的安装

1. 报警控制器的安装距离不对；
2. 报警控制器安装不牢固；
3. 引入报警控制器的电缆和导线不符合要求；
4. 报警控制器接地不良。

四、电视监控工程的电缆敷设

1. 电源电缆与信号电缆混合敷设；
2. 随建筑物施工同步敷设电缆时，没有执行工艺要求；

3. 没有采取防强电磁场干扰措施;
4. 电缆穿管前管内未作清理;
5. 管线两固定点间距离过大;
6. 电缆端未作标志和编号。

五、电视监控系统的光缆敷设

1. 光纤有损伤;
2. 光缆弯曲半径过小;
3. 光缆端头处理不当;
4. 光缆总损耗大;
5. 光缆的接线点和终端未做标志。

六、前端设备的安装

1. 支架、云台的安装不符合要求;
2. 解码器的安装不符合要求;
3. 摄像机的安装不符合要求。

七、中心控制设备的安装

1. 监视器安装不符合要求;
2. 控制设备的安装不符合要求。

八、供电与接地

1. 接地电阻大;
2. 没有防雷接地。

第三节 安防工程质量要求

一、入侵报警工程布线

1. 报警系统布线,应符合现行国家标准《电气装置工程施工及验收规范》（注：此为相关标准汇编本名称，以下延用）的要求。

2．报警系统的各种导线原则上应尽可能缩短。

3．在管内或槽内穿线，应在建筑抹灰及地面工程结束后进行。穿线前应将管内或线槽内积水及杂物清除干净。穿线时宜抹黄油或滑石粉。进入管内的导线应平直、无接头和扭结。

4．导线接头应在接线盒内焊接或用端子连接。

5．不同系统、不同电压等级、不同电流类别的导线，不应穿在同一管内或同一线槽内。

6．明装管线走向及安装位置应与室内装饰布局协调。

7．在垂直布线与水平布线的交叉处要加装分线盒，以保证接线的牢固和外观整洁。

8．当导线在地板下、天花板内或穿墙时，要将导线穿入管内。

9．在多尘或潮湿场所，管线接口应作密封处理。

10．一般管内导线（包括绝缘层）总面积不应超过管内截面的 2/3。

11．管线两固定点之间的距离不能超过 1.5m。下列部位应设置固定点：

（1）管线接头处。

（2）距接线盒 0.2m 处。

（3）管线转角处。

12．在同一系统中应将不同导线用不同颜色标志或编号。如电源线正端用红色，地端用黑色，共用信号线用黄色，地址信号线用白色等。在报警系统中地址信号线较多，可将每个楼层或每个防区的地址信号线用同一颜色标志，然后逐个编号。

13．对每个回路的导线用 500V 兆欧表测量绝缘电阻，其对地绝缘电阻值不应小于 20MΩ。

二、入侵探测器的安装

1. 入侵探测器（以下简称探测器）安装前要通电检查其工作状况，并作记录。

2. 探测器的安装应符合《电器装置安装施工及验收规范》的要求。

3. 探测器的安装应按设计要求及设计图纸进行。

4. 室内被动红外探测器的安装应满足下列要求：

(1) 壁挂式被动红外探测器应安装在与可能入侵方向成 90°角的方位，高度 2.2m 左右，并视防范具体情况确定探测器与墙壁的倾角。

(2) 吸顶式被动红外探测器，一般安装在重点防范部位上方附近的天花板上，必须水平安装。

(3) 楼道式被动红外探测器，必须安装在楼道端，视场沿楼道走向，高度 2.2m 左右。

(4) 被动红外探测器一定要安装牢固，不允许安装在暖气片、电加热器、火炉等热源正上方；不准正对空调机、换气扇等物体；不准正对防范区内运动和可能运动的物体。防止光线直射探测器，探测器正前方不准有遮挡物。

5. 主动红外探测器的安装应满足下列要求：

(1) 安装牢固，发射机与接收机对准，使探测效果最佳。

(2) 发射机与接收机之间不能有遮挡物。如：风吹树摇的遮挡等。

(3) 利用反射镜辅助警戒时，警戒距离较非反射时警戒距离要缩短。下面是利用反射镜辅助警戒示意图，见图 4-3。

(4) 安装过程中注意保护透镜，如有灰尘可用镜头纸擦干净。

6. 微波-被动红外双技术探测器的安装应满足下列要求：

(1) 壁挂式微波-被动红外双技术探测器应安装在与可能入侵方向成 45°角的方位（如受条件限制应优先考虑被动红外单元

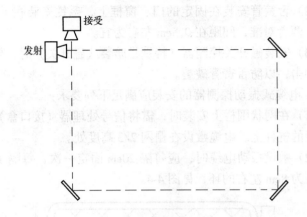

图 4-3　利用反射镜辅助警戒示意图

的探测灵敏度），高度 2.2m 左右，并视防范具体情况确定探测器与墙壁倾角。

（2）吸顶式微波 - 被动红外双技术探测器，一般安装在重点防范部位上方附近的天花板上，必须水平安装。

（3）楼道式微波 - 被动红外双技术探测器，必须安装在楼道端，视场正对楼道走向，高度 2.2m 左右。

（4）探测器正前方不准有遮挡物和可能遮挡物。

（5）微波 - 被动红外双技术探测器的其他安装注意事项可参考被动红外探测器的安装。

7. 声控 - 振动双技术玻璃破碎探测器的安装应满足下列要求：

（1）探测器必须牢固地安装在玻璃附近的墙壁上或天花板上。

（2）不能安装在被保护玻璃上方的窗帘盒上方。

（3）安装后应用玻璃破碎仿真器精心调节灵敏度。

8. 磁开关探测器的安装应满足下列要求：

（1）磁开关探测器应牢固地安装在被警戒的门、窗上、距门窗拉手边的距离 150mm。

(2) 舌簧管安装在固定的门、窗框上，磁铁安装在活动门、窗上，两者对准，间距在 0.5cm 左右为宜。

(3) 安装磁开关探测器（特别是暗装式磁开关）时，要避免猛烈冲击，以防舌簧管破裂。

9. 电缆式振动探测器的安装应满足下列要求：

(1) 在网状围栏上安装时，需将信号处理器（接口盒）固定在栅栏的桩柱上，电缆敷设在栅网 2/3 高度处。

(2) 敷设振动电缆时，应每隔 20cm 固定一次，每隔 10m 做一半径为 8cm 左右的环，见图 4-4。

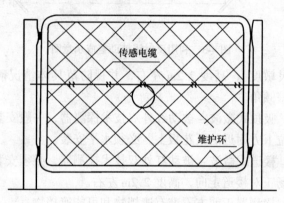

图 4-4 振动电缆的敷设

(3) 若警戒周界需过大门时，可将电缆穿入金属管中，埋入地下 1m 深度。

(4) 在周界拐角处须作特殊处理，以防电缆弯成死角和磨损。

(5) 施工中不得过力牵拉和扭结电缆，电缆外皮不可损坏，电缆末端处理应符合《电气装置安装工程施工及验收规范》的要求，并加防潮处理。

10. 电动式振动探测器的安装应满足下列要求：

(1) 远离振源和可能产生振动的物体。如：室内要远离电冰箱；室外不要安装在树下等。

（2）电动式探测器通常安装在可能发生入侵的墙壁、地面或保险柜上，探测器中传感器振动方向尽量与入侵可能引起的振动方向一致，并牢固连接。

（3）埋在地下时，需埋 10cm 深处，并将周围松土砸实。

三、报警控制器的安装

1. 报警控制器的安装应符合《电气装置工程施工及验收规范》的要求。

2. 报警控制器安装在墙上时，其底边距地板面高度不应小于 1.5m，正面应有足够的活动空间。

3. 报警控制器必须安装牢固、端正。安装在松质墙上时，应采取加固措施。

4. 引入报警控制器的电缆或导线应符合下列要求：

（1）配线应排列整齐，不准交叉，并应固定牢固。

（2）引线端部均应编号，所编序号应与图纸一致，且字迹清晰不易褪色。

（3）端子板的每个接线端，接线不得超过两根。

（4）电缆芯和导线留有不小于 20cm 的余量。

（5）导线应绑扎成束。

（6）导线引入线管时，在进线管处应封堵。

5. 报警控制器应牢固接地，接地电阻值应小于 4Ω（采用联合接地装置时，接地电阻值应小于 1Ω）。接地应有明显标志。

四、电视监控工程的电缆敷设

1. 必须按图纸进行敷设，施工质量应符合《电力工程电缆设计规范》的要求。

2. 施工所需的仪器设备、工具及施工材料应提前准备就绪。施工现场有障碍物时应提前清除。

3. 根据设计图纸要求，选配电缆，尽量避免电缆的接续。必须接续时应采取焊接方式或采用专用接插件。

4. 电源电缆与信号电缆应分开敷设。

5. 敷设电缆时尽量避开恶劣环境。如高温热源和化学腐蚀区域等。

6. 远离高压线或大电流电缆，不易避开时应各自穿配金属管，以防干扰。

7. 随建筑物施工同步敷设电缆时，应将管线敷设在建筑物体内，并按建筑设计规范选用管线材料及敷设方式。

8. 有强电磁场干扰环境（如电台、电视台附近）应将电缆穿入金属管，并尽可能埋入地下。

9. 在电磁场干扰很小的情况下，可使用 PVC 阻燃管。

10. 电缆穿管前应将管内积水、杂物清除干净，穿线时宜涂抹黄油或滑石粉，进入管口的电缆应保持平直，管内电缆不能有接头和扭结，穿好后应做防潮、防腐等处理。

11. 管线两固定点之间距离不得超过 1.5m。

12. 电缆应从所接设备下部穿出，并留出一定余量。

13. 在地沟或天花板内敷设的电缆，必须穿管（视具体情况选用金属管或 PVC 阻燃管），并固定在墙上。

14. 在电缆端作好标志和编号。

五、电视监控工程的光缆敷设

1. 敷设光缆前，应检查光纤有无断点、压痕等损伤。

2. 根据施工图纸选配光缆长度，配盘时应使接头避开河沟、交通要道和其他障碍物。

3. 光缆的弯曲半径不应小于光缆外径的 20 倍。光缆可用牵引机牵引，端头应作好技术处理，牵引力应加于加强芯上，牵引力大小不应超过 150kg，牵引速度宜为 10m/min；一次牵引长度不宜超过 1km。

4. 光缆接头的预留长度不应小于 8m。

5. 光缆敷设一段后，应检查光缆有无损伤，并对光缆敷设损耗进行抽测，确认无损伤时，再进行接续。

6. 光缆接续应由受过专门训练的人员操作，接续时应用光功率计或其他仪器进行监视，使接续损耗最小。接续后应做接续保护，并安装好光缆接头护套。

7. 光缆端头应用塑料胶带包扎，盘成圈置于光缆预留盒中，预留盒应固定在电杆上。地下光缆引上电杆，必须穿入金属管。

8. 光缆敷设完毕时，需测量通道的总损耗，并用光时域反射计观察光纤通道全程波导衰减特性曲线。

9. 光缆的接续点和终端应作永久性标志。

六、前端设备的安装

1. 一般要求

（1）按安装图纸进行安装。

（2）安装前应对所装设备通电检查。

（3）安装质量应符合《电气装置安装工程及验收规范》的要求。

2. 支架、云台的安装

（1）检查云台转动是否平稳、刹车是否有回程等现象，确认无误后，根据设计要求锁定云台转动的起点和终点。

（2）支架与建筑物、支架与云台均应牢固安装。所接电源线及控制线接出端应固定，且留有一定的余量，以不影响云台的转动为宜。安装高度以满足防范要求为原则。

3. 解码器的安装

解码器应牢固安装在建筑物上，不能倾斜，不能影响云台（摄像机）的转动。

4. 摄像机的安装

（1）安装前应对摄像机进行检测和调整，使摄像机处于正常工作状态。

（2）摄像机应牢固地安装在云台上，所留尾线长度以不影响云台（摄像机）转动为宜，尾线须加保护措施。

（3）摄像机转动过程尽可能避免逆光摄像。

(4) 室外摄像机若明显高于周围建筑物时，应加避雷措施。

(5) 在搬动、安装摄像机过程中，不得打开摄像机镜头盖。

(6) 安装固定摄像机时，可参考以上要求。

七、中心控制设备的安装

1. 监视器的安装

(1) 监视器应端正、平稳安装在监视器机柜（架）上。应具有良好的通风散热环境。

(2) 主监视器距监控人员的距离应为主监视器荧光屏对角线长度的 4~6 倍。

(3) 避免日光或人工光源直射荧光屏。荧光表面背景光照度不得高于 100lx。

(4) 监视器机柜（架）的背面与侧面距墙不应小于 0.8m。

2. 控制设备的安装

(1) 控制台应端正、平稳安装，机柜内设备应安装牢固，安装所用的螺钉、垫片、弹簧、垫圈等均应按要求装好，不得遗漏。

(2) 控制台或机架柜内插件设备均应接触可靠，安装牢固，无扭曲、脱落现象。

(3) 监控室内的所有引线均应根据监视器、控制设备的位置设置电缆槽和进线孔。

(4) 所有引线在与设备连接时，均要留有余量，并做永久性标志，以便维修和管理。

第四节　安防工程的调试和维护

一、安防工程的调试

1. 报警系统的调试

(1) 一般要求

1）报警系统的调试，应在建筑物内装修和系统施工结束后进行。

2）报警系统调试前应具备该系统设计时的图纸资料和施工过程中的设计变更文件（通知单）及隐蔽工程的检测与验收记录等。

3）调试负责人必须有中级以上专业技术职称，并由熟悉该系统的工程技术人员担任。

4）具备调试所用的仪器设备，且这些仪器设备符合计量要求。

5）检查施工质量，做好与施工队伍的交接。

（2）调试

1）调试开始前应先检查线路，对错接、断路、短路、虚焊等进行有效处理。

2）调试工作应分区进行，由小到大。

3）报警系统通电后，应按《防盗报警控制器通用技术条件》的有关要求及系统设计功能检查系统工作状况。主要检查内容为：

①报警系统的报警功能，包括紧急报警、故障报警等功能。

②自检功能。

③对探测器进行编号，检查报警部位显示功能。

④报警控制器的布防与撤防功能。

⑤监听或对讲功能。

⑥报警记录功能。

⑦电源自动转换功能。

4）调节探测器灵敏度，使系统处于最佳工作状态。

5）将整个报警系统至少连续通电12小时，观察并记录其工作状态，如有故障或是误报警，应认真分析原因，做出有效处理。

6）调试工作结束后，填写调试报告。调试报告可用有关手册绘制的"入侵报警、电视监控系统调试报告"的格式。

(3) 写竣工报告

2. 电视监控系统的调试

(1) 一般要求

1) 电视监控系统调试应在建筑物内装修和系统施工结束后进行。

2) 电视监控系统调试前应具备施工时的图纸资料和设计变更文件以及隐蔽工程的检测与验收资料等。

3) 调试负责人必须有中级以上专业技术职称，并由熟悉该系统的工程技术人员担任。

4) 具备调试所用的仪器设备，且这些设备符合计量要求。

5) 检查施工质量，做好与施工队伍的交接。

(2) 调试前的准备工作

1) 电源检测。接通控制台总电源开关，检测交流电源电压；检查稳压电源上电压表读数；合上分电源开关，检测各输出端电压、直流输出极性等，确认无误后，给每一回路通电。

2) 线路检查。检查各种接线是否正确。用250V兆欧表对控制电缆进行测量，线芯与线芯、线芯与地绝缘电阻不应小于 $0.5M\Omega$；用500V兆欧表对电源电缆进行测量，其线芯间、线芯与地间绝缘电阻不应小于 $0.5M\Omega$。

3) 接地电阻测量。监控系统中的金属护管、电缆桥架、金属线槽、配线钢管和各种设备的金属外壳均应与地连接，保证可靠的电气通路。系统接地电阻应小于 4Ω。

(3) 摄像机的调试

1) 闭合控制台、监视器电源开关，若设备指示灯亮，即可闭合摄像机电源，监视器屏幕上便会显示图像。

2) 调节光圈（电动光圈镜头）及聚焦，使图像清晰。

3) 改变变焦镜头的焦距，并观察变焦过程中图像清晰度。

4) 遥控云台，若摄像机静止和旋转过程中图像清晰度变化不大，则认为摄像机工作正常。

(4) 云台的调试

1）遥控云台，使其上下、左右转动到位，若转动过程中无噪音（噪音应小于50dB）、无抖动现象、电机不发热，则视为正常。

2）在云台大幅度转动时，如遇以下情况应及时处理。

①摄像机、云台的尾线被拉紧。

②转动过程中有阻挡物。如：解码器、对讲器、探测器等是否阻挡了摄像机转动。

③重点监视部位有逆光摄像情况。

（5）系统调试

1）系统调试在单机设备调试完后进行。

2）按设计图纸对每台摄像机编号。

3）用综合测试卡测量系统水平清晰度和灰度。

4）检查系统的联动性能。

5）检查系统的录像质量。

6）在现场情况允许、建设单位同意的情况下，改变灯光的位置和亮度，以提高图像质量。

（6）在系统各项指标均达到设计要求后，可将系统连续开机24小时，若无异常，则调试结束。

（7）填写调试报告。调试报告可用有关手册绘制的"入侵报警、电视监控系统调试报告"格式；也可由调试单位自行制表。

（8）写竣工报告。

二、安防工程的使用和维护

1. 入侵报警系统的使用和维护

（1）被动红外入侵探测器

1）老鼠等小动物在探测范围内活动时，同样引起被动红外入侵探测器接收到的红外辐射电平发生变化而产生报警状态，至使系统出现误报警。

2）当室温或探测器附近温度接近人体温度时，被动红外入侵探测器灵敏度要下降，亦造成系统漏报警。

3）不能在探测器附近或对面安置或放置任何温度会快速变化的物体，如空调器、电加热器等。防止由于热气流流动引起系统的误报警。

4）红外线穿透能力很差，所以被动红外入侵探测器前不能设置任何遮挡物，否则造成系统漏报警。

5）强电磁场干扰，易引起探测器误报警，特别是距广播电台、电视台较近的用户更是如此。

6）应防止任何光源直射探测器，否则系统易出现误报警。

7）定期（一般不超过三个月）在探测范围内模仿入侵者移动，以检查探测器的灵敏度，若发现问题及时调整或维修。

8）注意保护探测器的透光系统，避免用硬物或指甲划伤。当其上面沾有灰尘时，可用吸耳球吹去；若用镜头纸擦去灰尘后，必须保证探测器的方向与角度与擦拭前一致。

(2) 磁开关探测器

1）在设防区工作人员下班后务必插好门窗，否则由于门窗的晃动会导致系统误报警。

2）注意检查舌簧管和磁铁间隙（特别是换季阶段），间隙过大可能导致误报警；过小产生摩擦会损坏舌簧管。

3）舌簧管的触点，有时会有粘接现象，此时系统易产生漏报警。应注意定期开窗检查系统工作状态，发现问题及时处理。

4）若舌簧管触点接触不良，系统将频繁误报警，此情况说明舌簧管已坏。

5）在靠近磁开关探测器附近，不能有强磁场存在，以免影响磁开关探测器的正常工作。

(3) 主动红外入侵探测器

1）主动红外入侵探测器是线控式探测器，使用中恰当伪装为宜。

2）主动红外入侵探测器在室外使用时受气候影响较大，如遇雾、雪、雨、风沙等恶劣气候时，大气能见度下降，主动红外入侵探测器作用距离缩短，系统易产生误报警。遇此情况应加强警戒，确保安全。

3）主动红外入侵探测器的灵敏度出厂时一般均已调好（通常将触发报警器的最短遮光时间设置在 10^{-2} 秒左右），使用者不能自己调节，一旦发生灵敏度过高（易误报警）或过低（易漏报警），应及时通知有关人员检修。

4）风刮树摇遮挡红外光束时，易造成系统误报警。

5）室内使用主动红外入侵探测器时，窗帘运动易遮挡红外光束，引起系统的误报警。现场工作人员下班后务必插好窗户。

6）透镜表面裸露在空气中，易受污染，需经常用镜头纸擦拭，以保证探测器正常工作。

(4) 振动入侵探测器

1）不能将振动物体（如电冰箱等）移至装有振动探测器的防范区域，否则会引起系统的误报警。

2）在室外使用电动式振动探测器（地音探测器），特别是泥土地，在雨季（土质松软）、冬季（土质冻结）时，探测器灵敏度均明显下降，使用者应采取其他报警措施。

3）电动式振动探测器磁铁和线圈之间易磨损，一般相隔半年要检查一次，在潮湿处使用时检查的时间间隔还要缩短。

(5) 微波多普勒型入侵探测器

1）防范区域不能有运动和可能运动的物体，否则会造成系统误报警。

2）微波遇非金属物体穿透性很好，若室外运动物体引起系统误报警时，可通过调节探测器灵敏度解决。

3）微波遇金属物体反射性很好，金属物体（如铁皮柜等）背面是探测盲区，使用者应注意由此产生的漏报警。

4）高频电磁波，特别是电视台的发射和停发瞬间，易引起系统的误报警。

2．报警控制器的使用和维护

(1) 入侵报警

报警控制器应能直接或间接接收来自入侵探测器和紧急报警

装置发出的报警信号，发出声光报警，并指示入侵发生的部位，此时值机人员应对信号进行处理，如监听、监视等。确认有人入侵，立即报告保安人员和公安机关出视现场。若确认为是误报警时，则将报警信号复位。

(2) 防破坏报警

①短路、断路报警。传输线路被人破坏，如短路、剪断或并接其他负载时，报警控制器应立即发出声光报警信号，此报警信号直至报警原因被排除后才能实现复位。

②防拆报警。入侵者拆卸前端探测器时，报警控制器立即发出声光报警，这种报警不受警戒状态影响，提供全天时的防拆保护。

③紧急报警。紧急报警不受警戒状态影响，随时可用。比如：入侵者闯入禁区时，现场工作人员可巧妙使用紧急报警装置，报知保安人员。

④延时报警。可实现 $0 \sim 40s$ 可调的进入延迟及 $100s$ 固定外出延迟报警。

⑤欠压报警。报警控制器在电源电压等于或小于额定电压的 80% 时，应产生欠压报警。

(3) 自检功能

报警控制器有报警系统工作是否正常的自检功能。值机人员可手动自检和程序自检。

(4) 电源转换功能

报警控制器有电源转换装置，当主电源断电时，能自动转换到机内备用电源上，按我国国家标准 GB12663—90《防盗报警控制器通用技术条件》规定：备用电源应能连续工作 24 小时。

(5) 环境适应性能

报警控制器在温度为 $-10 \sim 55℃$，相对湿度不大于 95% 时均能正常工作。

(6) 布防与撤防功能

当警戒现场工作人员下班后应进行布防，现场工作人员上班时应撤防。这种布防与撤防在有些报警控制器中可分区进行。

(7) 监听功能

报警控制器均有监听功能,在不能确认报警真伪时,将"报警/监听"开关拨至监听位置,即可听到现场声音,若有连续走动、撬、拉抽屉等声音,说明确有入侵发生,应马上报知保安及公安人员出视现场。

(8) 报警部位显示功能

小容量报警控制器,报警部位一般直接显示在报警器面板上(指示灯闪烁)。大容量报警控制器配有地图显示板,其标记可按使用者意见订做。

(9) 记录功能

大型报警控制器一般都有打印记录功能,可记下报警时间、地点和报警种类等。

(10) 通信功能

大型报警控制器一般都留有通信接口,可直接与电话线连接,遇有紧急情况可自动拨通电话。

(11) 联动功能

报警后,可自动启动摄像机、灯光、录像机等设备,实现报警、摄像、录像联动。

3. 电视监控系统的使用和维护

(1) 前端设备的使用与维护

电视监控系统前端设备包括:摄像机、镜头、云台、防护罩、控制解码器、支架等。使用者应详细阅读设备使用说明书,掌握其性能和使用注意事项。

1) 摄像机、镜头。使用中应注意以下要点:

①操作云台旋转时,不能将摄像机停留在逆光摄像处。

②电压过低,会增加图像杂波,引起彩色失真。

③遇有风沙,或是空气过于混浊,室外系统清晰度必然下降。

④摄像机上的灰尘或水蒸气,应用软布轻轻擦拭。

⑤摄像机镜头上的灰尘，应使用镜头清洁剂、橡皮吹子、鹿皮等专用物品进行清理，切忌擦镜片。

2）云台、支架

①云台、摄像机、防护罩、射灯等都要由支架承担着其重量。因此，安装不牢固可能会出现支架活动现象，在监视器上表现为图像的大幅度闪过或跳动（脉冲干扰亦如此），值机人员发现此情况应及时报知有关人员修复。

②云台转动的不平稳和刹车回程，在图像上表现为跳动。

③注意发现云台的噪声。

3）解码器

解码器的作用是将操作人员的指令、变换成电信号控制前端设备动作。遇有丢码现象应及时报知有关人员修复。

4）防护罩

防护罩是保护摄像机的，有室内、室外之分。其功能为：保护摄像机免受冲击、碰撞，自动温度调节、除尘、防潮、雨刷等防护罩是密封结构不准私自拆卸。

5）不准随意触摸前端设备。发现线头脱落及时修复。

（2）传输线路的检查与维护

使用者要经常检查电缆接头是否接触良好，特别是一座楼的最高层和最底层，电缆接头最易损坏，如氧化变质等。视频电缆的损坏或变质会造成图像的模糊不清甚至无图像。控制电缆的故障，则导致受控设备反应不灵敏甚至完全失控。老鼠经常出没的地方，线路也容易遭到破坏，如天花板内的走线就应经常检查。

（3）终端设备的使用及维护

终端设备的使用及维护注意事项如下：

1）监视器

监视器有彩色与黑白之分。又各自分为专用监视器、监视/接收两用机和由电视机改成的监视器。

在规模较大的电视监控系统中，作为主要监视用的监视器，叫主监视器，它是屏幕较大、清晰度较高的监视器，可以监视任意摄像机摄取的图像或进行时序显示。时序显示的时间、顺序均可人为设定。

2) 视频分配器

将一路视频输入信号分成多路同样的视频输出信号的装置，叫视频分配器。目前实际应用的视频分配器一般不止一路输入，而是多路输入和多路输出，其输入和输出路数用 $m \times n$ 表示。例如，1×4 表示一路输入，四路输出；2×8 则表示两路输入每一路输入对应有 8 路输出，如此等等。

3) 时间、日期、地址发生器

产生时间和地址码的装置叫时间、日期、地址发生器。时间、日期、地址发生器所产生的时间和地址码与摄像机输出的视频信号迭加在监视器画面上，显示年、月、日、时、分、秒和所监视的区域。显示位置、字符大小、黑白极性等均可调整。使记录在磁带上的画面内容有时间和地址的参考数据，该设备也有单路和多路之分。

使用时间、日期、地址发生器给图像的识别和存档带来了很大方便。

4) 录像机

用来记录监视器上图像信号的一种设备。

5) 视频时序切换器。

按一定的时间间隔，将多路输入的视频信号时序地排列成一个输出信号，以轮流在监视器上显示。

时序切换器有 n 路输入，一路输出；还有 n 路输入 m 路输出（$m < n$）等形式。

时序选择方式可分为：

旁通方式：任选几个摄像机信号参加时序。

停驻方式：专门看某一摄像机画面。此设备一般可与报警设备连接，当某一路摄像机监视场所发生报警时，可自动停驻在该摄像机的图像上进行监视和录像。

6) 同步信号发生器

该仪器将产生的同步信号经脉冲分配后送给各路摄像机和其他有关设备，使它们能够同步地进行工作。

其作用有：消除或减少因各路视频信号的不同步导致视频切换瞬间的同步紊乱，以至引起图像的瞬间闪跳；使录像机能录得比较稳定的图像；能进行图像的混合或特技处理。

7）多画面分割器

能将多路摄像机摄取的图像信号，经处理后在监视器荧光屏的不同部位进行显示的装置，叫多画面分割器。

目前生产的有：四画面分割器、八画面分割器、十六画面分割器等多种形式。分割画面的形式可由值机人员调整。

8）控制键盘

键盘是人机对话的窗口，值机人员通过键盘向前端设备发出指令；如控制前端摄像机的开启与关闭，云台的转动以及对视频信号的遥控和切换等。

第五章 消防工程质量通病防治

第一节 概 述

随着我国经济建设的迅速发展，建筑业日新月异的变化，城镇建筑物正朝着高层、密集化方向发展，建筑物的装修用料和方式也越趋多样化，随着用电负荷及煤气耗量的加大，对建筑消防工作提出了更高、更严格的要求。保护人民生命财产的安全，消防工作正发挥着越来越重要的作用。

近年来，我国消防事业蓬勃发展，由于计算机和现代通讯技术的引入，使消防设施的自动化、智能化水平不断提高，消防技术实现了火灾自动监测、自动灭火过程。由于消防是一项综合性专业工程，涉及到电子技术、建筑电气、流体力学、给排水等多个学科，工程设计、安装一般可以划分为火灾自动报警和自动灭火两大系统；目前，消防工程正在朝着设计、安装一体化方向发展。

一个完整的火灾报警系统，由火灾探测、报警控制、联动控制三部分组成。在实际应用中终端是控制中心报警系统。

目前，从国内有关生产厂家的产品情况来看，组成控制中心报警系统有以下两种方式，第一种，由火灾探测器与报警控制其单独构成火灾探测报警系统，然后再配以单独的联动系统，形成控制中心报警系统。系统中的探测报警系统和联动控制系统之间，可以在现场设备或部件之间相互联系，也可以在消防控制室产生联动关系。第二种，以带联动控制功能的报警控制器为控制中心，即系统火灾探测器，又联系现场消防设备，联动关系是在报警控制器内部实现的。

一、消防联动控制设备对室内消火栓系统的控制显示功能

1. 控制消防水泵的启、停；
2. 显示启动水泵按钮的动作位置；
3. 显示消防水系的工作、故障状态。

室内消火栓是建筑物内最基本的消防设备。消火栓启动水泵装置及消防水泵等都是室内消火栓必须配套的设备。在消防控制室的联动设备上应设置消防泵的启、停装置，显示消防水泵启动按钮、启动水泵的位置及消防泵的工作状态。使控制室的值班人员在发生火灾时，对什么地方需要使用消火栓、消防水泵是否启动都一目了然，这样有利于火灾扑救和平时的维修调试工作。

消防水泵的故障，一般是指水泵电机断电、过载及短路。由于消火栓系统都是由主泵和备用泵组成，只有当两台水泵都不能启动时，才显示故障，一般按钮启动后，先启动Ⅰ号水泵，Ⅰ号泵启动失灵，自动转启Ⅱ号泵，当Ⅰ号和Ⅱ号泵均不能启动时，控制盘上显示故障。

室内消火栓系统的控制原理图，见图 5-1。

二、消防联动控制设备对自动喷水灭火系统的控制显示功能

1. 控制喷水灭火系统的启停；
2. 显示报警阀、闸阀及水流指示器工作状态；
3. 显示消防水泵的工作、故障状态。

自动喷水灭火系统是目前最经济的室内固定灭火设备，按照《自动喷水灭火系统设计规范》的要求，宜显示监测以下六个方面：

(1) 系统控制器的开启状态；
(2) 消防水泵电源供应和工作情况；
(3) 水池、水箱的水位；
(4) 喷水灭火系统的最高和最低气温；

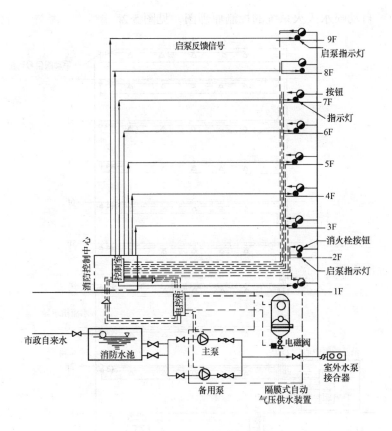

图 5-1 消火栓系统控制原理图

(5) 预作用喷水灭火系统的最低气压;

(6) 报警阀和水流指示器的运行情况。使用的面比较广泛。

同时要求在消防控制室实行集中监控。按照《自动喷水灭火系统设计规范》所规定的内容,规定消防控制室的控制设备应设置自动喷水灭火系统启、停装置(包括喷淋水泵等),并显示管道阀,水流报警阀及水流指示器的工作状态,显示水泵的工作及故障。喷淋水泵显示故障的内存及显示方法与消火栓水泵故障的显示方法相同。

自动喷水灭火系统的控制原理图，见图5-2。

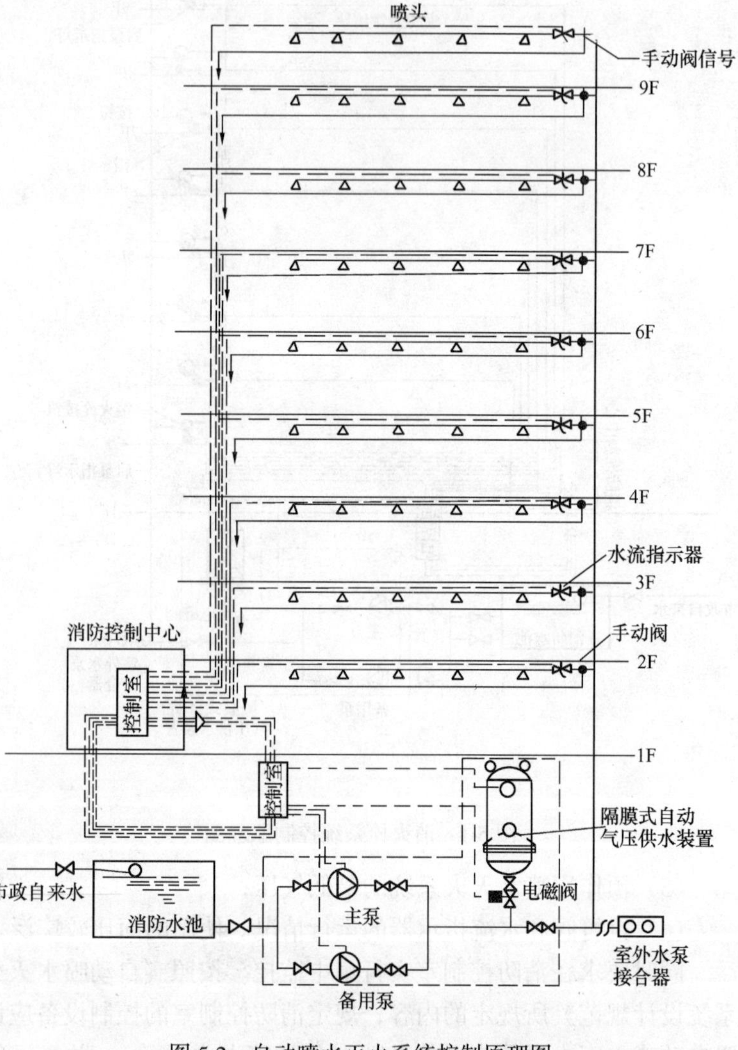

图5-2 自动喷水灭火系统控制原理图

三、消防联动设备对泡沫、干粉灭火系统的控制显示功能

1. 泡沫、干粉灭火控制系统的启停；

2. 显示系统的工作状态。

在设置泡沫、干粉灭火系统的工程内,消防控制室的控制设备,设置系统的启、停装置,显示系统的工作状态是必要的。

四、消防联动设备对有管网的卤代烷、二氧化碳等灭火系统的控制显示功能

1. 控制系统的紧急启动和切断装置;
2. 由火灾探测器联动的控制设备应具有 30s 可调的延时装置;
3. 显示系统的手动、自动工作状态;
4. 在报警、喷射各阶段,控制室应有相应的声,光报警信号并能手动切除声响信号;
5. 在延时阶段,应能自动关闭防火门、窗,停止通风、空气调节系统。

《建筑设计防火规范》以及《高层民用建筑设计防火规范》和《人民防空工程设计防火规范》对建筑物应设置卤代烷、二氧化碳等固定灭火装置的部位或房间作了明确规定。

卤代烷 1211 自动灭火系统控制显示示意图,见图 5-3。

卤代烷 1211 自动灭火系统控制原理图,见图 5-4。

五、火灾报警后,消防控制设备对联动控制对象应有的功能

1. 停止有关部位的风机。关闭防火阀,并接收其反馈信号;
2. 启动有关部位的防烟、排烟风机(包括正压送风机)、排烟阀。并接收其反馈信号。

六、火灾确认后,消防控制设备对联动控制对象应有的功能

1. 关闭有关部位的防火门、防火卷帘,并接收其反馈信号;
2. 发出控制信号,强制电梯全部停于首层,开通消防电梯,并接收其反馈信号;
3. 接通火灾事故照明灯和疏散指示灯;

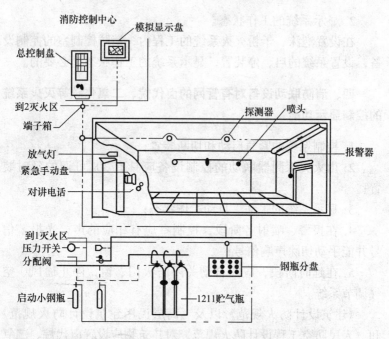

图 5-3　卤代烷 1211 自动灭火系统控制显示示意图

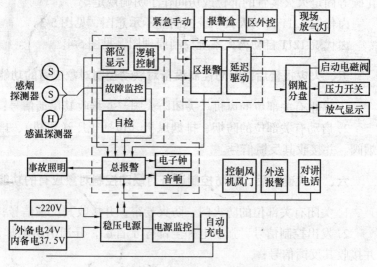

图 5-4　卤代烷 1211 自动灭火系统控制原理图

4. 切断有关部位的非消防电源。

七、消防设备动作流程

消防设备动作流程,见图5-5、图5-6。

八、消防联动方案

1. 区域、集中报警、纵向联动控制方案,见图5-7。

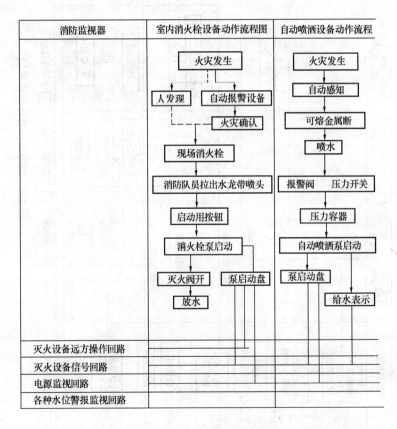

图5-5　消防设备动作流程图(1)

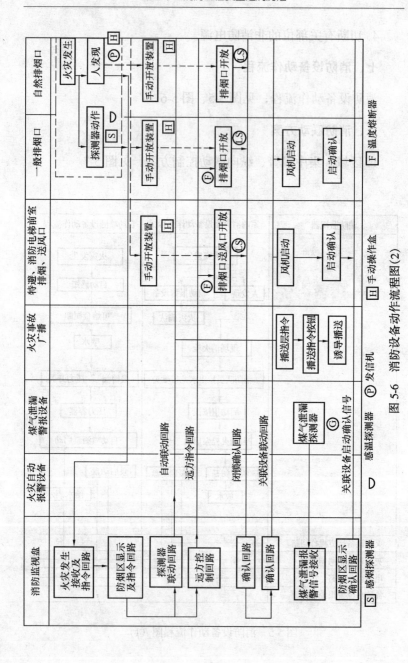

图 5-6 消防设备动作流程图(2)

第一节 概 述

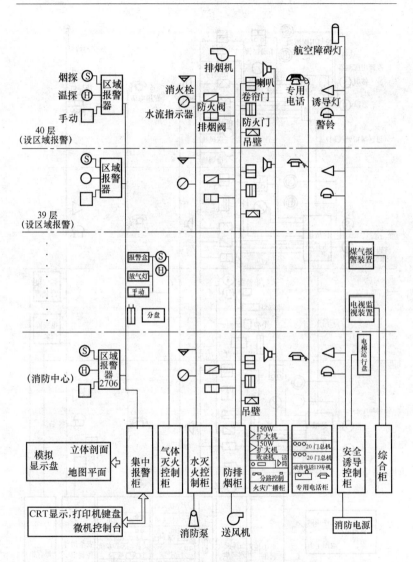

图 5-7 区域、集中报警、纵向联动控制方案

2. 区域报警控制—集中报警、横向联动控制方案，见图 5-8。
3. 大区域报警，纵向联动控制方案，见图 5-9。
4. 火灾报警消防联动控制系统方案，见图 5-10。

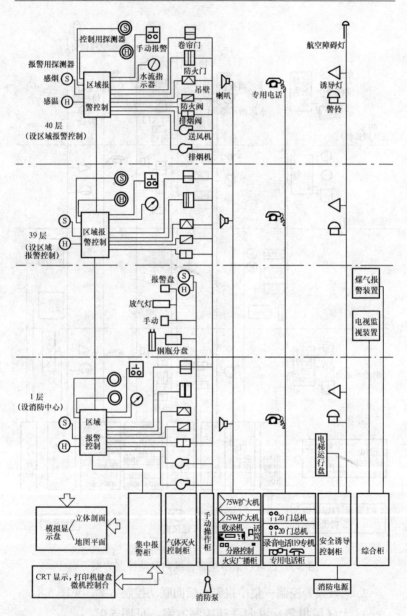

图 5-8 区域报警控制—集中报警、横向联动控制方案

第一节 概 述

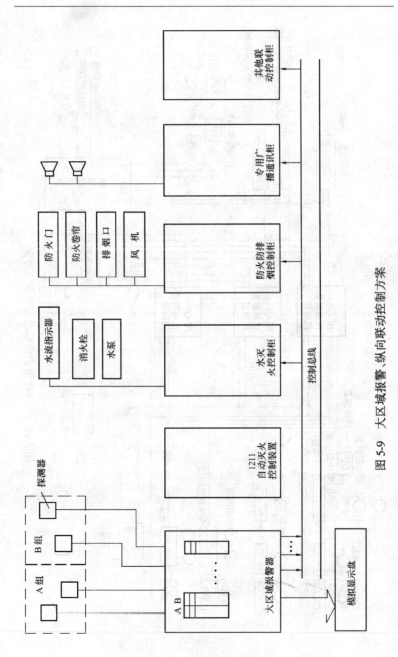

图 5-9 大区域报警、纵向联动控制方案

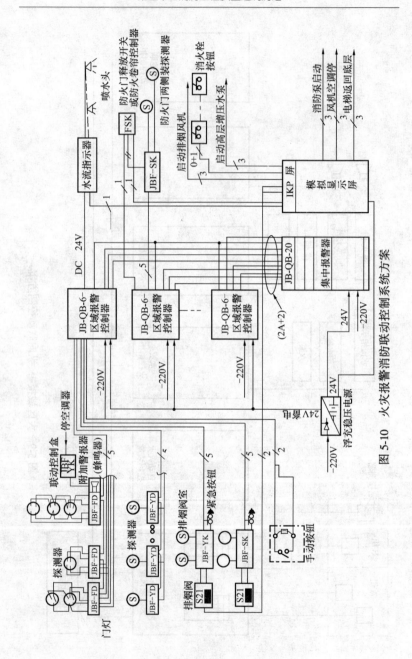

图 5-10 火灾报警消防联动控制系统方案

第二节 消防工程质量分析

消防工程质量的通病，即常发生的质量问题，通常是由于设计、施工不符合规程所致，主要发生在火灾自动报警控制系统、消防设施安装、消防给水网、消防配电系统、报警系统的安装等诸多方面。

一、火灾自动报警控制系统

火灾自动报警控制系统的工程质量问题，如下：

1. 系统布线：防尘防潮措施、管路加固措施、接地电阻值测试、接地导线截面积、供电线路防火保护措施不符合要求；

2. 火灾探测器：外观质量、助焊剂类型、安装牢固程度、距空调通风口水平距离、保护范围不符合要求；

3. 手动报警按钮：安装牢固程度、报警功能、报警音响不符合要求；

4. 控制器：接地形式及标志、助焊剂类型、主备电源容量试验、供电电源不符合要求；

5. 区域显示盘：接地形式及标志、助焊剂类型、功能性检验、供电电源不符合要求；

6. 事故照明及疏散指示照度不符合要求。

同时自动喷水灭火系统及室内消火栓系统也存在许多问题。

二、消防设施安装

消防设施的安装工程质量问题，如下：

1. 将生活用水和消防用水出水管设在同一个子面上，使消防用水不能得到有效保证。

2. 将消防水箱增压泵的出水管作为水箱的出水管，造成系统给水流量不能保证。

3. 没有在消防水箱出水管上安装单向泵，造成消防泵启动后水直接进入水箱。

4. 有的吸水方式采用充水式吸水方式，加之有的充水储水缸没有设置液位计，不能及时自动补水，发生火灾时，消防泵也不能够及时启动供水。

5. 有的消防泵只安装一根吸水管，且吸水管未设置控制阀，不仅减少了供水可靠性，也增加了检修的难度。

三、消防给水管网

消防给水管网及部件安装工程质量问题，如下：

1. 有的给水管网未能形成环状，使系统供水不能得到有效保证。

2. 有的给水管道采用镀锌管，安装单位违章进行焊接，致使防腐层破坏，管道易锈蚀烂穿，造成漏水。

3. 有的系统控制闸没有标志。有的甚至关闭阀门造成系统无水。

4. 末端试水装置安装不符合要求。有的末端试水装置未能按每个分区一套的要求进行安装；有的没有安装在最末端；有的安装在吊顶等不易检查测试的位置；有的管径太大，远远大于一个喷头的流量，不能达到试验的目的。

5. 安装中未按规定对管网进行冲洗、试压、保压试验，有的管道接头有渗漏水现象；有的管道内有杂物，容易堵塞喷头。

四、消防配电系统

消防配电系统工程质量问题，如下：

1. 有的系统不能满足二路供电的要求，有的虽配备了发电机，但容量偏小，不能满足负荷要求；有的启动时间大于30s，不能及时运行供电。

2. 配线安装不符合要求。有的消防配电线路使用敞开式桥架铺设；有的违反规定使用塑料管或塑料保护；有的使用未进行防火处理的明敷金属管，当火灾发生时，容易被烧短路失电。

3. 有的主备电不能自动切换，当一路失电后，另一路不能自投供电，延误系统启动的时间。

五、报警装置

消防报警装置工程质量问题，如下；

1. 火灾探测器安装位置不符合要求，有的安装位置不便于观察确认灯，有的距墙壁、风口和遮挡物的间距太小，有的底座固定不牢。

2. 联动调试不符合规范要求。有的电梯落至底层后，消防电梯不能继续投入运行；有的应急广播、防火卷帘等未按着火层和上、下层同时动作的要求进行调试。

第三节　消防工程质量要求

消防工程的质量要求，包括火灾自动报警系统安装的质量要求，自动喷水灭火系统安装的质量要求，二氧化碳灭火系统安装的质量要求。室内消火栓给水系统安装的质量要求四个方面。

一、火灾自动报警系统安装的质量要求

火灾自动报警系统的安装质量是非常重要的，它是消防系统能否正常运行、发挥作用的重要保证。

火灾自动报警系统安装的质量要求，如下；

1. 火灾自动报警系统的施工安装专业性很强，为了保证施工安装质量，确保安装后能投入正常运行，施工安装必须经有批准权限的公安消防监督机构批准，并由有许可证的安装单位承担。

2. 安装单位应按设计图纸施工，如需修改应征得原设计单位同意，并有文字批准手续。

3. 火灾自动报警系统的安装应符合火灾自动报警系统安装使用的有关规定，并满足设计图纸和设计说明书的要求。

4. 火灾自动报警系统的设备应选用经国家消防电子产品质量监督检验测试中心检测合格的产品。

5. 火灾自动报警系统的探测器、手动报警按钮、控制器及其他所有设备，安装前均应妥善保管，防止受潮、受腐蚀及其他损坏；安装时应避免机械损伤。

6. 施工单位在施工前应具有平面图、系统图、安装尺寸图、接线图以及一些必须的设备安装技术文件。

7. 系统安装完毕后，安装单位应提交下列资料和文件：

(1) 变更设计部分的实际施工图；

(2) 变更设计的证明文件；

(3) 安装技术记录（包括隐蔽工程检验记录）；

(4) 检验记录（包括绝缘电阻、接地电阻的测试记录）；

(5) 安装竣工报告。

二、自动喷水灭火系统安装的质量要求

自动喷水灭火系统安装的质量要求，有两个方面，如下：

1. 安装过程中应仔细对系统各组件进行直观检查，发现不合格品及运输过程中造成损伤的产品不得装入系统。并根据安装程序，分阶段进行安装质量检测试验，侧重对系统各部位的密封性进行测定，发现问题应及时处理。

2. 安装结束后，应由消防监督机关会同设计、安装使用单位进行系统总体运行检测试验。首先应检查系统工作条件是否符合规范及设计要求；开启系统运行检测机构、检测系统动作情况，对主要部件的动作情况进行测定；有条件时尽可能进行模拟火灾，测定系统启动、喷水灭火、报警等总体运行功能。经过总体运行检测试验、验收合格后方可交付使用。

三、二氧化碳灭火系统安装的质量要求

二氧化碳灭火系统安装的质量要求，如下：

1. 容器组、阀门、配管系统、喷嘴等安装都应牢固可靠

(移动式除外)。

2. 管道安装前，应进行内部防锈处理；安装后，未装喷嘴前，应用压缩空气吹扫内部。

3. 管道敷设时，还应考虑到灭火剂流动过程中因温度变化所引起的管道长度变化。

4. 从灭火剂容器到喷嘴之间设有选择阀或截止阀的管道，应在容器与选择阀之间安装安全装置，其安全工作压力为 $15 \pm 0.75 MPa$。

5. 容器瓶头阀到喷嘴的全部配管连接部分均不得松动或漏气。

6. 各种灭火管路应有明确标记，并须核对无误。

7. 灭火系统的使用说明牌或示意图表，应设置在控制装置的专用站（室）内明显的位置上，其内容应有灭火系统操作方法和有关路线走向及灭火剂排放后再灌装方法等简明资料。

8. 对移动式系统应注意如下安装要求：

（1）软管接口到保护对象各部分的水平距离不宜过大，通常在 15m 以内。

（2）在灭火剂容器附近醒目处，应有红色指示灯及表示本设备的标志。

（3）在软管放置地点，应在其上部醒目处设置红色指示灯，并写明操作方法。

四、室内消火栓给水系统安装的质量要求

室内消火栓给水系统安装的质量要求，如下：

1. 室内消火栓箱的安装。室内消火栓箱一般安装在室温高于 5℃ 的场所内，需要安装在不采暖、有结冻可能的建筑内时，应采取适当的防冻措施。

2. 供水管的接入。接消火栓的供水管，可根据具体条件由消火栓箱的后面、底面或侧面接入。供水管中心位置应尽量准确，如误差较大时可通过调整消火栓箱位置解决。

3. 暗装、半暗装消火栓箱。这类消火栓的安装施工在墙上预留的箱体孔尺寸应比消火栓箱外型尺寸每边至少大10mm。半暗装、明装需要地脚螺栓固定消火栓箱的位置。

4. 消火栓箱与墙体接触部分。消火栓箱与墙体的接触部分应采取防锈、防腐措施，如涂热沥青、填塞防湿物等。

5. 前后开门消火栓的安装。这类消火栓不宜安装在防火墙上。

6. 消火栓口距地面的高度。消火栓口距地面的安装高度为1.2m，出水口与安装墙面成90°角。

7. 消防水带的长度。消防水带的长度按设计需要选用，但最长不应超过25m。

8. 外接电气线路。外接电气线路穿过箱壁时，应采用橡胶过线垫圈，安装时不应将箱体底部的排水孔封堵。

第四节　消防系统常见故障和排除

一、火灾自动报警系统

火灾自动报警系统的常见故障和排除方法，如下：

1. 主电源故障。检查输入电源是否完好，熔丝有无烧断、接触不良等情况。

2. 备用电源故障。检查充电装置、电池是否损坏，连线有无断线。

3. 探测回路故障。检查该回路至火灾探测器的接线是否完好，有无火灾探测器被人取下，终端监控器有无损坏。

4. 误报火警。应勘察误报的火灾探测器的现场有无蒸汽、粉尘等影响火灾探测器正常工作的环境干扰存在，如有干扰存在，则应设法排除。对于误报频繁而又无其他干扰影响正常工作的火灾探测器应及时予以更换。

5. 一时排除不了的故障，应立即通知有关专业维修单位，以便尽快修复，恢复正常工作。

二、二氧化碳灭火系统

二氧化碳灭火系统的常见故障和排除方法，见表5-1。

常见故障及其排除方法　　　　　　　　　表5-1

故障类型	可 能 原 因	排 除 方 法
1. 保护区着火而无报警信号	(1) 电源未插或有关线端子松脱 (2) 指示灯和报警器失效 (3) 火灾探测器表面有积尘或脏物 (4) 火灾探测器失灵 (5) 检测控制器控制开关和隔离开关未调定到接通位置（即正常工作位置）或检测控制器损坏（元件损坏或接线松脱） (6) 火灾探测器安装位置不正确 (7) 火灾探测器与控制器之间接线松脱	(1) 插好电源或固定好接线端子 (2) 更换指示灯和报警器 (3) 擦拭火灾探测器表面 (4) 修理或更换探测器 (5) 按使用说明书调定开关到接通位置或修理检测控制器 (6) 检查保护对象是否在火灾探测器的保护范围内 (7) 检修电气线路
2. 报警器误报	(1) 火灾探测器的灵敏度过高 (2) 火灾探测器长期未作检查，可能变形损坏 (3) 保护区内出现人为偶然误报因素（如阳光直接照射光敏管，在装有烟雾探测器的保护区内吸烟等）	(1) 检查或更换探测器 (2) 更换火灾探测器 (3) 排除人为或偶然误报因素
3. 保护区着火只有报警而无自动灭火	(1) 检测控制器隔离开关和控制开关，两者之一或同时处于断开位置 (2) 检测控制器与电磁阀接线端子松脱 (3) 电磁阀活动铁芯锈蚀或卡阻 (4) 活动铁芯端部橡胶垫松脱或橡胶硬度过低 (5) 电磁阀线圈短路，吸力不够 (6) 电磁阀上的压力表指针在"0"位，而起动瓶储气量符合要求 (7) 电磁阀上的压力表指针在"0"位或指示压力过低 (8) 起动瓶无气 (9) 先导阀、气动阀上阀体活塞O形密封圈变形、损伤或活塞与上阀体内腔锈蚀、卡阻、配合过松	(1) 应调定隔离开关和控制开关，使其处于接通（即工作）位置 (2) 固定好接线端子 (3) 检修或更换电磁阀 (4) 更换活动铁芯或电磁阀 (5) 更换电磁阀线圈 (6) 调节电磁阀与先导阀配合的顶杆长度，使压力表显示压力 (7) 检查起动瓶是否泄漏，压力表是否失灵，检修或更换压力表、起动瓶 (8) 更换起动瓶或修复后重灌驱动气体

续表

故障类型	可能原因	排除方法
3. 保护区着火只有报警而无自动灭火	(10) 先导阀、气动阀活塞杆变形或与之配合的O形密封圈失效 (11) 选择阀打不开	(9) 更换O形密封圈，清洗上阀体活塞与上阀体配合而加润滑油，使其配合松紧适当 (10) 更换活塞杆或O形密封圈 (11) 检查或更换选择阀
4. 手动操作灭火按钮无灭火剂释放	(1) 电源未插，连接导线端子松脱 (2) 电磁阀失灵，见故障3中的(3)、(4) (3) 起动瓶无气或压力不够 (4) 先导阀、气动阀上阀体活塞O形密封圈变形、损坏或活塞上阀体内腔锈蚀卡阻、配合过松 (5) 先导阀、气动阀活塞杆变形或与之配合的密封圈失效 (6) 选择阀打不开	(1) 插上电源或固定好连接导线端子 (2) 见故障3中的(3)、(4) (3) 更换起动瓶或重灌驱动气体 (4) 更换O形密封圈，清洗上阀体，活塞与上阀体配合而加润滑油，使之配合紧紧适当 (5) 更换活塞杆或O形密封圈 (6) 检修或更换选择阀
5. 手动操作起动瓶的手轮开启机构，无灭火剂释放	(1) 手动操作机构（即起动瓶瓶头阀上的手动开启机构）锈蚀、卡阻 (2) 活塞与上阀体内腔锈蚀、卡阻 (3) 活塞杆变形 (4) 起动瓶无气或压力不够	(1) 检修手动操作机构 (2) 检修后加润滑油 (3) 更换活塞杆 (4) 查明原因后重灌驱动气体或更换起动瓶
6. 灭火剂释放强度不够	(1) 部分贮气瓶贮气量不够或瓶空 (2) 部分贮气瓶未打开 (3) 贮气瓶内虹吸管脱落、变形或过短 (4) 部分管道或喷嘴堵塞 (5) 管道系统个别单向阀装反	(1) 查明原因后重新灌装灭火剂 (2) 检查气动阀上阀体活塞、活塞杆部分有否故障并排除 (3) 检修或更换虹吸管

续表

故障类型	可能原因	排除方法
6. 灭火剂释放强度不够	(6) 管道太长、转弯多、储气瓶组在建筑底层管道向上伸出太高或管径太细 (7) 选择阀流量大小 (8) 选择阀未完全打开或不止一个同时打开	(4) 卸下喷嘴，用压缩空气或二氧化碳对管道分段喷扫、清理杂物 (5) 查明后重新安装 (6) 设计不合理，应修改设计，论证后施工 (7) 更换选择阀 (8) 检修或更换选择阀
7. 灭火剂释放出来，但火灾未扑灭或火火后复燃	(1) 灭火剂释放强度不够 (2) 全淹没系统关闭机构未起封闭作用 (3) 局部应用系统喷嘴分布不合理 (4) 灭火剂用量不够	(1) 见故障6 (2) 检修关闭机构 (3) 按设计要求合理安装喷嘴位置 (4) 按标准核算灭火剂用量

三、清水灭火器

清水型灭火器的常见故障和排除方法，见表5-2。

清水型灭火器故障及排除方法　　表5-2

故障类型	可能原因	排除方法
1. 灭火器打不开	(1) 灭火器操作机构锈蚀或卡阻 (2) 刀杆过短 (3) 刀杆变形或刀口不锋利 (4) 刀杆装配位置不正	(1) 清洗及更换零部件 (2) 更换刀杆 (3) 更换刀杆 (4) 检修
2. 灭火器开启无灭火剂喷射	(1) 贮气瓶无气 (2) 筒内无灭火剂 (3) 喷嘴或过滤装置堵塞 (4) 灭火剂冻结 (5) 使用时灭火器横卧·颠倒	(1) 查明原因检修后重灌CO_2 (2) 重装灭火剂 (3) 清洗喷嘴或过滤装置 (4) 重灌灭火剂并注意防冻 (5) 使用时灭火器应直立

续表

故障类型	可能原因	排除方法
3. 灭火器喷射强度不够	(1) 贮气瓶泄漏，贮气不足 (2) 灭火器未打开到最大开启状态 (3) 灭火剂过量 (4) 灭火器盖密封部分泄漏 (5) 灭火器筒体泄漏 (6) 灭火剂中有杂物 (7) 喷嘴或过滤装置堵塞 (8) 使用时灭火器横卧	(1) 检修后重灌 (2) 应使灭火器打开到最大开启状态 (3) 重灌灭火剂 (4) 检修或更换密封圈 (5) 报废筒体 (6) 注意灌装时灭火剂有无杂物 (7) 清洗喷嘴或过滤装置 (8) 使用时灭火器应直立
4. 灭火器滞后时间过长	(1) 贮气瓶开启部分不畅通 (2) 喷嘴或过滤装置有堵物 (3) 灭火剂有杂物	(1) 检修 (2) 清理喷嘴或过滤装置 (3) 注意灌装时灭火剂有无杂物
5. 灭火器灭不了火	(1) 灭火器喷射强度不够，见故障3中的(1)～(8) (2) 灭火器不适用于灭火对象 (3) 灭火方法不对 (4) 火势过大，灭火器数量不够	(1) 见故障3中的(1)～(8) (2) 更换灭火器 (3) 改变灭火方法 (4) 增加灭火器数量

四、二氧化碳灭火器

二氧化碳灭火器的常见故障和排除方法，见表5-3。

常见故障类型及排除方法　　　　表5-3

故障类型	可能原因	排除方法
1. 操作阀门打不开	(1) 阀门的压杆线锈蚀或卡阻 (2) 压杆过短或变形 (3) 压把或阀芯变形 (4) 压把连接铆钉脱落 (5) 推车式灭火器启闭机构锈蚀或卡阻 (6) 推车式灭火器启闭阀手轮裂损或手轮与螺杆连接的方榫不配合	(1) 检修或更换阀门 (2) 更换压杆 (3) 更换压把或阀芯 (4) 重新铆接 (5) 检修 (6) 检修或更换配件

续表

故障类型	故 障 原 因	排 除 方 法
2. 阀门打开而无灭火剂喷出	(1) 灭火器铅封已损脱,误动或已开启过,瓶空 (2) 安全保护装置泄漏或安全膜片已破裂,瓶空 (3) 阀门与钢瓶连接处泄漏,瓶空 (4) 阀门密封垫片变形、老化,密封面腐蚀,密封面有划痕,或密封面有杂物造成泄漏,瓶空 (5) 钢瓶体(多为底部)泄漏或因使用期过长腐蚀,瓶空 (6) 喷道严重锈蚀堵塞 (7) 阀门零部件有砂眼、气孔造成泄漏,瓶空	(1) 检修,重充灭火剂 (2) 检修更换安全膜片 (3) 检修或更换密封填料 (4) 检修或更换阀门有关零件 (5) 钢瓶报废 (6) 检修或更换有关零部件 (7) 更换有关零部件
3. 灭火器喷射强度不够	(1) 阀门未开到最大开启状态 (2) 阀门装配不符合要求,操作时达不到最大开启状态 (3) 喷道有堵物 (4) 灭火器充气不足 (5) 灭火器使用过,造成贮气不足 (6) 灭火器有微量泄漏,贮气不足 ①安全保护装置泄漏 ②阀门与钢瓶连接处泄漏 ③阀门密封垫片变形、老化或阀口密封面腐蚀、划痕或垫片与密封面之间有杂物,造成泄漏 ④钢瓶体微量泄漏 ⑤阀门零部件有沙眼、气孔 (7) 灭火器使用方法不对,灭火器使用时卧置或颠倒 (8) 虹吸管脱落、变形或长度不够	(1) 阀门应开启到最大开启状态 (2) 检修并重新装配阀门 (3) 清理喷道或钢瓶内部杂物 (4) 检查后重充 (5) 检查后重充 (6) 检修 ①检修 ②检修或更换密封填料 ③检修或更换阀门有关零件 ④钢瓶报废 ⑤更换零件 (7) 灭火器应直立向上 (8) 检修或更换虹吸管
4. 喷射时间过长	(1) 阀门未打开到最大开启状态 (2) 阀门装配不符合要求,操作时达不到最大开启状态 (3) 喷道有堵物	(1) 阀门应开启到最大开启状态 (2) 检修阀门 (3) 清理喷道或钢瓶内杂物

续表

故障类型	故障原因	排除方法
5. 喷射滞后时间过长	(1) 阀门设计不合理 (2) 喷道有堵物 (3) 喷道过长	(1) 重新设计阀门 (2) 清理喷道或钢瓶内的杂物 (3) 按标准规定确定喷管长度
6. 喷射剩余率过大	虹吸管过短或变形	更换虹吸管
7. 喷射时阀门操作部分漏气,伤手	密封圈损坏或装配不符合要求	更换密封圈或重新装配
8. 喷射时阀门与喷管连接部分泄漏	垫圈损坏或装配不符合要求	更换垫圈或重新装配
9. 灭火器灭不了火	(1) 灭火器喷射强度不够,见故障3中(1)~(8) (2) 灭火器数量不够 (3) 灭火器不适用于灭火对象 (4) 灭火方法不对 (5) 灭火剂质量差,灭火性能不好 (6) 火势过大	(1) 见故障3中(1)~(8) (2) 增加灭火器数量 (3) 更换适用的灭火器 (4) 采用正确的灭火方法 (5) 更换灭火剂 (6) 增加灭火器数量

五、卤代烷灭火器

卤代烷灭火器常见故障和排除方法,见表5-4。

常见故障类型及排除方法　　　　表5-4

故障类型	可能原因	排除方法
1. 灭火器压力表指针在零位或红色区域	(1) 压力表损坏 (2) 灭火器泄漏 ①灭火器误动作过,阀门密封部分未复位	(1) 更换压力表 (2) 检修后再安装 ①检修后再安装 ②更换器头

续表

故障类型	故 障 原 因	排 除 方 法
1. 灭火器压力表指针在零位或红色区域	②器头有砂眼、气孔泄漏 ③筒体泄漏 ④器头与筒体连接处泄漏 ⑤压杆超长造成泄漏 ⑥压力表与灭火器连接处泄漏 ⑦压力表泄漏 ⑧压杆过长	③筒体报废 ④检查再充装 ⑤更换压杆 ⑥检修或更换密封圈 ⑦更换压力表 ⑧更换或修配压杆
2. 阀门打不开	(1) 压杆锈蚀或卡阻 (2) 压杆长度不够 (3) 压杆变形或装配位置歪斜 (4) 压把或阀门芯变形 (5) 压把连接铆钉脱落或压把断裂 (6) 推车式灭火器启闭螺纹机构锈蚀或卡阻 (7) 推车式灭火器启闭阀门手轮裂损或轮与螺杆连接的方楔不配合	(1) 检修、更换压杆或器头 (2) 更换压杆 (3) 更换压杆或重新装配 (4) 更换压把或阀门芯 (5) 更换压把或重新铆接 (6) 检修 (7) 检修或更换配件
3. 阀门开启而无灭火剂喷出	(1) 灭火器误动作或密封面未复位,漏空 (2) 器头有砂眼、气孔泄漏 (3) 筒体泄漏 (4) 器头与筒体连接处泄漏 (5) 压杆超长,造成泄漏 (6) 压力表或压力检测仪连接装置泄漏或与筒体连接处泄漏 (7) 压杆过长或压把变形阀门未打开 (8) 喷道堵塞 (9) 推车式灭火器喷射系统中的手握开关未打开	(1) 检修、重灌灭火剂 (2) 报废 (3) 报废 (4) 检修,重灌灭火剂 (5) 更换压杆 (6) 更换或检修压力表、压力检测仪连接装置或连接处密封部分 (7) 更换压杆或压把 (8) 清理喷道 (9) 打开手握开关
4. 喷射强度不够	(1) 阀门未打开到最大开启状态 (2) 压杆强度不够 (3) 器头装配不合理,造成喷道减小 (4) 灭火器泄漏（见故障1中的①~⑧）造成贮气不足 (5) 喷道部分有堵物 (6) 虹吸管脱落或变形或过短	(1) 阀门应打开到最大开启状态 (2) 更换压杆 (3) 按工艺要求装配 (4) 见故障1中的①~⑧ (5) 清理喷道 (6) 更换虹吸管 (7) 使用灭火器应直立向上

续表

故障类型	故障原因	排除方法
4. 喷射强度不够	(7) 使用方法不当 (8) 灭火器充氮气压不够或灭火剂充装过量 (9) 推车式灭火器手握开关未开到最大开启状态	(8) 查明原因重灌灭火剂和氮气 (9) 应打开到最大开启状态
5. 射程不够	(1) 见故障4中的(1)、(2)、(3)、(4)、(5)、(6)、(7)、(8)、(9) (2) 推车式灭火器喷射管过长	(1) 见故障4中的(1)、(2)、(3)、(4)、(5)、(6)、(7)、(8)、(9) (2) 按标准规定确定胶管长度
6. 喷射时间过长	见故障4中的(1)、(2)、(3)、(5)、(8)	见故障4中的(1)、(2)、(3)、(5)、(8)
7. 喷射时间过短	(1) 喷嘴孔径过大 (2) 误装了大规格的喷嘴 (3) 灭火剂量不够 (4) 虹吸管过短或变形	(1) 更换喷嘴 (2) 更换喷嘴 (3) 重新灌装 (4) 更换虹吸管
8. 喷射滞后时间过长	(1) 喷嘴有堵物 (2) 喷管过长	(1) 清理喷道堵物 (2) 缩短喷管长度
9. 喷射剩余率过大	(1) 流道有脏物 (2) 虹吸管过短或变形	(1) 清理流道 (2) 更换虹吸管
10. 灭火器灭不了火	(1) 灭火器喷射强度不够 [见故障4中的(1)~(9)] (2) 灭火器数量不够 (3) 灭火器不适用于灭火对象 (4) 灭火方法不对 (5) 灭火剂质量差,灭火性能不好 (6) 火势过大	(1) 见故障4中的(1)~(9) (2) 增加灭火器数量 (3) 更换灭火器 (4) 采用正确的灭火方法 (5) 更换灭火剂 (6) 增加灭火器数量

六、泡沫灭火器

泡沫灭火器的常见故障和排除方法，见表 5-5。

灭火器常见故障和排除方法　　　　表 5-5

故障类型	故 障 原 因	排 除 方 法
1. MPZ 型灭火器瓶盖打不开；MPT 型灭火器瓶盖或喷射系统旋塞阀打不开	(1) 开启机构零件锈蚀 (2) 有杂物卡阻或操作机构腐蚀	(1) 拆卸清洗或更换零件 (2) 拆卸清洗
2. 灭火器颠倒（或卧置）后不喷射泡沫	(1) MPZ 型或 MPT 型灭火器瓶盖未打开 (2) MPT 型灭火器喷射系统旋塞阀未打开 (3) 喷嘴或喷射系统堵塞 (4) 灭火器未装药剂	(1) 打开瓶盖，开启机构 (2) 打开旋塞阀 (3) 清理喷嘴或喷射系统 (4) 按规定灌装
3. 灭火器颠倒（或卧置）后不喷射泡沫，只冒液	(1) MPZ 型灭火器瓶盖未打开；MPT 型灭火器瓶盖未打开，而喷射系统旋塞阀已打开 (2) 喷嘴和喷射系统有堵物；外界脏物堵塞或灭火剂未全部溶解，有小结块或药液内杂物太多 (3) 灭火剂装错，内外药容器同装一种药或少装一种药剂	(1) 使用时先打开瓶盖再打开旋塞阀 (2) 清理喷嘴和喷射系统或重新换装灭火剂并清理喷嘴和喷射系统 (3) 重新换装灭火剂
4. 灭火剂喷射强度不够或喷射距离太近	(1) 喷射系统有堵物（见故障 3 中 (2)） (2) 灭火剂质量差 (3) 灭火剂失效 (4) 灭火器内外药剂装反 (5) 灭火剂配比浓度不合要求	(1) 见故障 3 中 (2) (2) 重新换装灭火剂 (3) 重新换装灭火剂 (4) 按规定重新换装灭火剂 (5) 按规定重新换装灭火剂

续表

故障类型	故障原因	排除方法
4. 灭火剂喷射强度不够或喷射距离太近	(6) 灭火剂未全部溶解 (7) 灭火剂因筒体泄漏剂量不足 (8) 灭火器盖口或喷嘴密封处泄漏 (9) MPZ型灭火器瓶盖未开启到最大状态，MPT型灭火器瓶盖或喷射系统旋塞阀未开启到最大状态	(6) 按规定重新换装灭火剂 (7) 检查灭火器，泄漏者报废 (8) 检查或更换密封圈 (9) 应开启到最大状态
5. 喷射时间过长	(1) MPZ型灭火器瓶盖未开启到最大状态，MPT型灭火器瓶盖或喷射系统旋塞阀未开启到最大状态 (2) 灭火剂内药或外药液加水量过多 (3) 喷嘴孔过小 (4) 喷嘴或喷射系统有堵物	(1) 应开启到最大状态 (2) 重新换装灭火剂 (3) 更换喷嘴 (4) 清理喷嘴或喷射系统
6. 喷射滞后时间过长	(1) 喷嘴或喷射系统有堵物 (2) MPZ型或MPT型灭火器瓶盖未开启到最大状态	(1) 清理喷嘴或喷射系统 (2) 应开启到最大状态
7. 喷射剩余率过大	(1) 喷嘴或喷射系统有堵物 (2) 灭火剂质量差或灭火药液配比液度不合要求 (3) 灭火剂未完成溶解，有小结块 (4) MPZ型灭火器瓶盖未开启到最大状态，MPT型灭火器瓶盖或喷射系统旋塞阀未打开到最大状态	(1) 清理喷嘴或喷射系统 (2) 重新换装灭火剂 (3) 重新换装灭火剂 (4) 应开启到最大状态
8. 密封部位泄漏	(1) 灭火器盖口密封未垫好或密封圈损坏 (2) 筒体口部器盖与密封圈接触部分不平 (3) 器盖螺母装配不合要求（未旋紧或受力不均匀） (4) 器盖、喷嘴孔直径过大或与密封圈接触平面不平 (5) 喷嘴、滤网和密封圈结构设计不合理 (6) MPT型灭火器瓶盖开启机构石棉垫圈、填料失效或填料压盖松动 (7) 喷射系统旋塞阀和喷管连接处密封垫损坏或连接螺纹未旋紧	(1) 应将密封圈垫好，或更换密封圈 (2) 更换或修理器盖或修理筒体口部 (3) 应按规定装配合理 (4) 更换器盖 (5) 修改设计 (6) 更换石棉填料或旋紧填料压盖 (7) 更换密封圈或旋紧连接螺纹

续表

故障类型	故　障　原　因	排　除　方　法
9. 灭火器灭不了火	(1) 灭火器颠倒（或卧置）后不喷射泡沫（见故障2） (2) 灭火器颠倒（或卧置）后不喷液只冒液（见故障3） (3) 灭火器喷射强度不够（见故障4） (4) 灭火器喷射剩余率过大（见故障7） (5) 灭火器不适用于灭火对象 (6) 灭火方法不对 (7) 灭火剂质量差，灭火性能不好 (8) 火势过大或灭火器数量不够	(1) 见故障2 (2) 见故障3 (3) 见故障4 (4) 见故障7 (5) 更换灭火器 (6) 按正确灭火方法灭火 (7) 更换灭火剂 (8) 增加灭火器数量

七、干粉灭火器

干粉灭火器的常见故障和排除方法，见表5-6。

灭火器故障和排除方法　　　表5-6

故障类型	故　障　原　因	排　除　方　法
1. 灭火器打不开	(1) 贮气钢瓶瓶头阀操作机构锈蚀或卡阻 (2) 内涨式的压杆或穿刺式的刀杆过短 (3) 内涨式的压杆或穿刺式的刀杆变形或刀杆的刀口不锋利 (4) 压把或刀杆装配位置不正 (5) 压把变形	(1) 清洗或更换零部件 (2) 更换压杆或刀杆 (3) 更换压杆或刀杆 (4) 检修 (5) 更换压把
2. 灭火器开启后无灭火剂喷射	(1) 贮气瓶无气 (2) 进气管堵塞 (3) 出粉管堵塞 (4) 喷嘴（或喷管）堵塞 (5) 可间歇喷射机构（或喷射）锈蚀或堵塞 (6) 干粉结块造成各通道部分堵塞	(1) 查明原因检修后重灌二氧化碳 (2) 清理进气管 (3) 清理出粉管 (4) 清理喷嘴（或喷管） (5) 检修或清理间歇喷射机构（或喷枪） (6) 清理灭火器各部件，换干粉灭火剂

续表

故障类型	故障原因	排除方法
3. 灭火器喷气多，喷粉少	（1）外装式贮气瓶与筒体连接处跑气 （2）器头有气孔或砂眼，漏气 （3）出粉管脱落	（1）检修连接处 （2）更换器头 （3）装牢出粉管
4. 灭火器喷射时漏粉	（1）灭火器头与筒体连接部分泄漏 （2）压杆或刀杆与器头部分密封泄漏 （3）喷嘴或喷管与器头密封部分泄漏 （4）喷嘴或间歇喷射机构与喷管连接部分泄漏	（1）检查密封垫是否变形、损坏或螺纹连接是否松动 （2）检查密封圈 （3）检查密封圈是否失效或螺纹连接是否松动 （4）检查密封圈是否失效或螺纹连接是否松动
5. 灭火器喷射强度不够	（1）贮气瓶瓶头阀未开启到最大状态 （2）贮气瓶瓶头阀因结构问题（压杆或刀杆长度不够）不能开启到最大状态 （3）贮气瓶贮气量不足（或因泄漏）造成气体压力过低 （4）筒体漏气 （5）外装式贮气瓶与筒体连接处漏气或有堵物 （6）器头有气孔或砂眼 （7）出粉管变形或松脱 （8）出粉管有堵物不畅通 （9）进气管有堵物不畅通 （10）喷管（或喷嘴）有堵物不畅通 （11）可间歇喷射机构（或喷枪）有堵物或未开启到最大状态 （12）干粉有小结块 （13）推车式灭火器筒体进气压力过低	（1）应使瓶头阀开启到最大状态 （2）更换压杆或刀杆 （3）查明原因，修理好重新充足二氧化碳气 （4）筒体报废 （5）清理或检漏修理 （6）更换器头 （7）更换或装牢出粉管 （8）清理出粉管 （9）清理进气管 （10）清理喷管（或喷嘴） （11）清理堵物或开启到最大状态 （12）重新换装干粉 （13）根据使用要求调整进气压力（观察压力表）

续表

故障类型	故障原因	排除方法
6. 灭火器喷射时间过长	(1) 出粉管有堵物不畅通 (2) 进气管有堵物不畅通 (3) 喷管（或喷嘴）有堵物不畅通 (4) 喷孔过小 (5) 可间歇喷射机构（或喷枪）有堵物或未开启到最大状态 (6) 干粉有小结块 (7) 推车式灭火器筒体进气压力过低	(1) 清理出粉管 (2) 清理进气管 (3) 清理喷管（或喷嘴） (4) 更换喷嘴 (5) 清理堵物或开启到最大状态 (6) 重新换装干粉 (7) 根据使用要求调整进气压力（观察压力表）
7. 贮气瓶无气或压力过低	(1) 充装量不足 (2) 内涨式瓶头阀压杆或穿刺式瓶头阀刀杆过长造成微漏 (3) 阀芯密封垫片变形，密封垫片与阀体密封口密封面有杂物或阀体密封口有缺口或划痕 (4) 瓶头阀与钢瓶连接处泄漏 (5) 钢瓶泄漏	(1) 重充二氧化碳气 (2) 更换压杆或刀杆 (3) 更换密封片或阀体，或清理杂物 (4) 检修 (5) 更换钢瓶
8. 喷射滞后时间过长	(1) 进气管有堵物不畅通 (2) 出粉管有堵物不畅通 (3) 喷嘴或喷管有堵物不畅通 (4) 干粉有结块造成干粉剂流道不畅通 (5) 贮气瓶瓶头阀未开到最大状态，筒体内压力过低 (6) 喷粉管防潮膜的爆破压力过高	(1) 清理进气管 (2) 清理出粉管 (3) 清理喷嘴或喷管 (4) 更换干粉灭火剂 (5) 应打开到最大状态 (6) 更换防潮膜
9. 喷射剩余率过大	(1) 筒体内出粉管变形或过短 (2) 见故障5中（1）~（13） (3) 喷粉管防潮膜的爆破压力过低	(1) 更换出粉管 (2) 见故障5中（1）~（13） (3) 更换防潮膜

续表

故障类型	故 障 原 因	排 除 方 法
10.灭火器灭不了火	(1) 灭火器喷气多，喷粉少，见故障3中（1）、(2) (2) 干粉灭火剂喷射强度不够，见故障5中（1）～（13） (3) 灭火器数量不够 (4) 灭火器不适用于灭火对象 (5) 灭火方法不对 (6) 灭火剂质量差，灭火性能不好 (7) 火势过大	(1) 见故障3中（1）、(2) (2) 见故障5中（1）～（13） (3) 增加灭火器数量 (4) 更换灭火器 (5) 采用正确的灭火方法 (6) 更换灭火剂 (7) 增加灭火器数量

参考文献

1. 陈御平主编. 住宅设备安装与质量通病防治. 北京：中国建筑工业出版社，2001
2. 手册编写组编. 安装工程质量通病防治手册. 北京：中国建筑工业出版社，1991
3. 手册编写组编. 安装工程质量通病防治手册（续篇）。北京：中国建筑工业出版社，1991
4. 陆荣华编著. 物业电工手册. 北京：中国电力出版社，2004
5. 孙景芝主编. 楼宇电气控制. 北京：中国建筑工业出版社，2002
6. 朱林根主编. 现代住宅建筑电气设计. 北京：中国建筑工业出版社，2004
7. 刘剑波、李鉴增、王晖、关亚林、牛亚青编著. 有线电视网络. 北京：中国广播电视出版社，2003
8. 张瑞武主编. 智能建筑. 北京：清华大学出版社，2002
9. 中国机械工业教育协会组编. 楼宇智能化技术. 北京：机械工业出版社，2003
10. 陈家盛编. 电梯结构原理及安装维修. 北京：机械工业出版社，2002